WERKSTATTBÜCHER
FÜR BETRIEBSBEAMTE, VOR- UND FACHARBEITER
HERAUSGEGEBEN VON EUGEN SIMON, BERLIN
===== HEFT 37 =====

Modell- und Modellplattenherstellung für die Maschinenformerei

Von

Fr. und Fe. Brobeck

Mit 234 Figuren im Text

Berlin
Verlag von Julius Springer
1929

ISBN-13:978-3-7091-5260-7 e-ISBN-13:978-3-7091-5408-3
DOI: 10.1007/978-3-7091-5408-3

Inhaltsverzeichnis.

	Seite
Einleitung	3
I. Modellherstellung	3
A. Muttermodelle	4
1. Schablonieren von Gipsmodellen S. 4. — 2. Drehen eines Gipshohlmodells für einen Zylinderkörper S. 6. — 3. Ziehen von Gipsmodellen S. 8.	
B. Herstellung von Kernkasten und Kernschalen	9
C. Hilfsmodelle aus Gips	11
D. Formgerechte Modelle	12
II. Modellplattenherstellung	14
A. Werkzeug zur Plattenanfertigung	14
B. Allgemeines	17
C. Gipsplatten	18
D. Montierte Formplatten	20
E. Reversier-Modellplatten	25
F. Klischeeformplatten (gesetzlich geschützt)	29
G. Doppelseitige Modellplatten	30
H. Modellplatte nach dem Schabeverfahren	33
J. Modellplatte mit Abstreifkamm nach dem Schabeverfahren	35
K. Herstellung von Modellplatten mit gußeisernen Abstreifkämmen	37
L. Herstellung eines Durchziehkammes für Stirnräder	42
M. Sondermodellplatten für schwierig herzustellende Gußstücke	43
1. Die Herstellung einer Modellplatte für eine Seilscheibe bei Anwendung des Grünkernverfahrens S. 43. — 2. Die Herstellung einer Modellplatteneinrichtung für einen Teilkopfstuhl S. 46.	
III. Anhang	51
A. Beispiele aus der Praxis	51
1. Formeinrichtung für Krümmer und Abzweig S. 51. — 2. Sonderformmaschine zum Formen von Schnecken S. 52. — 3. Vorrichtungen zum Trennen von Abstreifkamm und Form S. 53. — 4. Modellaushebevorrichtung S. 53.	
B. Überblick	55

Alle Rechte, insbesondere das der Übersetzung in fremde Sprachen, vorbehalten.
Copyright 1929 by Julius Springer in Berlin.

ISBN-13: 978-3-7091-5260-7   e-ISBN-13: 978-3-7091-5408-3
DOI: 10.1007/978-3-7091-5408-3

Einleitung.

Das vorliegende Heft soll im wesentlichen eine anschauliche und gemeinverständliche Darstellung der Fertigung von Modellplatten geben.

Jeder Gießereifachmann weiß, daß sich durch das Arbeiten mit der Formmaschine gegenüber der Handformerei große wirtschaftliche Vorteile erzielen lassen. Sie sind begründet in der Möglichkeit, billigere Arbeitskräfte zu Maschinenformern anzulernen, ferner in der schnellen mechanischen Verdichtung des Formsandes an Stelle der Handstampfung, in dem raschen gleichzeitigen Abheben aller auf einer Platte befindlichen Modelle mit einem einzigen Handgriff und endlich in der gleichmäßigen Sauberkeit und Maßhaltigkeit aller auf Maschinen hergestellten Abgüsse.

Vorbedingung für die Anwendung der Maschinenformerei ist jedoch — neben dem Vorliegen des Bedarfs einer größeren Menge stets wiederkehrender gleichartiger Gußstücke — eine genaue Kenntnis der Plattenherstellung.

Die letzten Jahre haben hierin eine vielseitige und rasche Entwicklung gebracht, die noch nicht Gemeingut aller Fachleute ist. Es soll daher im folgenden versucht werden, das Erreichte — unter Hervorhebung des Grundsätzlichen — an Hand ausgeführter Arbeitsbeispiele von einfachen und von vielgestaltigen Modellplatten wiederzugeben. Daneben soll gezeigt werden, für welche Anwendungsgebiete sich die einzelnen Plattenarten besonders eignen.

I. Modellherstellung.

Im folgenden wird zuerst die Anfertigung der sog. Gebrauchsmodelle für die Plattenherstellung und dann die Herstellung der verschiedenen Arten von Modellplatten beschrieben. Dabei ist zu beachten, daß es sowohl Platten gibt, bei denen die Modelle gesondert hergestellt und dann mit der Platte verbunden werden, als auch solche, die mit der Platte zugleich in einem Stück gegossen werden.

Als Gebrauchsmodelle, d. h. als Modelle, die unmittelbar zum Formen dienen, können die in der Gießerei üblichen Holzmodelle[1] nur benutzt werden, wenn es sich um die Herstellung einfacher montierter Platten handelt, aber auch nur dann, wenn die herzustellende Menge gering ist.

Das für die Plattenherstellung verwendete Gebrauchsmodell muß besonderen Ansprüchen genügen: es muß glatte Flächen haben und bei dem normalen Gebrauch behalten, es muß widerstandsfähig gegen den Einfluß der Feuchtigkeit des Formsandes und gegen Beschädigung und Abnutzung bei der Arbeit des Sandverdichtens sein.

Diese Ansprüche erfüllt vollständig nur das Eisen- oder Hartmetallmodell. Um ein solches Metallmodell gießen zu können, ist ein Muttermodell nach Doppelschwindmaß mit entsprechender Bearbeitungszugabe notwendig. Das nach dem Muttermodell gegossene Gebrauchsmodell wird dann noch in der Modellschlosserei durch Drehen, Fräsen, Hobeln, Schleifen, Feilen oder Schaben gebrauchsfertig nachgearbeitet.

---

[1] Über Herstellung der Holzmodelle und Holzschablonen für Handformerei s. Hefte 14 und 17 der Werkstattbücher. Löwer, Modelltischlerei 1. und 2. Teil.

A. Muttermodelle.

Die Anfertigung von Muttermodellen in Gips bedingt eine besondere Technik, welche aus dem Stukkateurberuf übernommen wurde. Man unterscheidet hierbei Schablonieren, Drehen und Ziehen in Gips. Die nachfolgenden Arbeitsbeispiele zeigen an typischen Werkstücken die zweckmäßigste Anwendung dieser Verfahren. Die Herstellung solcher Muttermodelle aus Gips ist schneller und billiger als aus Holz. Voraussetzung für das Gelingen dieser Arbeit ist die Wahl des richtigen Werkstoffs. Nur der allerbeste Modellgips gestattet das Ausarbeiten der feinsten Konturen. Dieser Gips läßt sich gut schaben und ziselieren, bildet keine Poren, läßt sich sägen und aus einzelnen Teilen zusammenleimen. Baugips kann aus Sparsamkeitsgründen allenfalls zum Ausfüllen von Hohlräumen verwendet werden, doch gestattet er die Anwendung der obengenannten Verfahren nicht. Er erhärtet zu schnell und ist zu grob.

1. Schablonieren von Gipsmodellen. Zur Herstellung eines halbteiligen Riemenscheibenmodells aus Gußeisen soll zuerst ein Muttermodell aus Gips angefertigt werden. An den Arm der Schabloniereinrichtung (Fig. 1) schraubt man die Schablone.

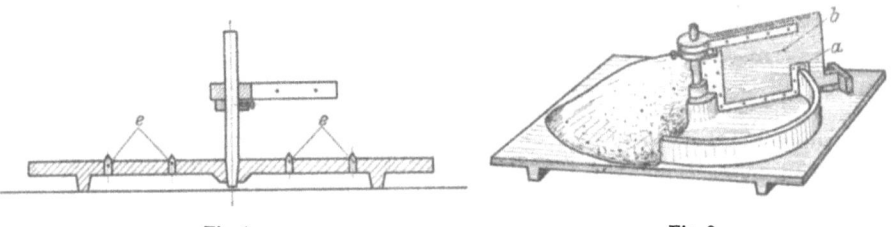

Fig. 1. Fig. 2.

Die Außenkontur der Riemenscheibe wird mit Doppelschwindmaß und Bearbeitungszugabe für das Drehen aus einem 1 mm starken Blech a (Fig. 2) herausgearbeitet und auf das Schablonenbrett b genagelt. Die Richtplatte bestreicht man

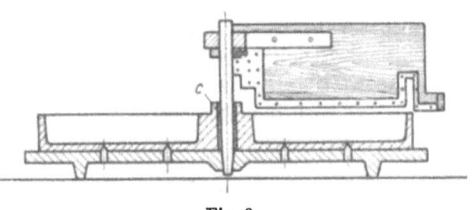

Fig. 3.

mit Öl, damit sich später das fertiggedrehte Gipsmodell gut von der Platte abheben läßt. Um zu verhindern, daß das Modell während des Schablonierens etwa in drehende Bewegung kommt, steckt man in die auf der Richtplatte vorgesehenen Löcher einige Holzpflöckchen e (Fig. 1 und 3). Unterhalb des Stellringes gibt man dem Spindelstock eine Umkleidung c (Fig. 3) aus Ton, den man vorher auf einer Platte in entsprechender Stärke (4÷5 mm) auswalzt. Diese Maßnahme erleichtert das Herausziehen der Spindel nach Fertigstellung der Modellhälfte.

Man beginnt, indem man besten Alabastergips mit Wasser anrührt, auf die Richtplatte bringt und unter ständigem Drehen der Schablone die Modellkontur hocharbeitet (Fig. 2). Hat man die vorläufig noch rohe Form soweit fertig, so nimmt man zum Schluß noch recht dünn angerührten Gips und schlichtet, bis sich scharfe Konturen ergeben. Nachdem der Gips erhärtet ist, nimmt man den Spindelstock heraus und löst das Modell durch leichte Schläge auf die Platte. Das Modell wird nun nachgearbeitet, indem man es mit feinem Sandpapier glättet und mit Lack anstreicht.

Die Riemenscheibenhälfte wird zweimal in Eisen oder Metall abgegossen. Beide Abgüsse werden miteinander verdübelt, auf einheitliches Maß gedreht, und bilden das eigentliche Modell für den Gebrauch in der Formerei (Fig. 4).

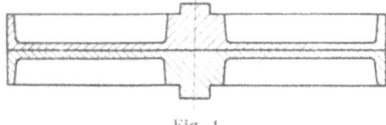

Fig. 4.

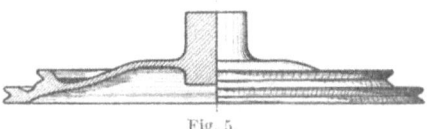

Fig. 5.

Ähnlich wird beim zweiten Beispiel, der Herstellung einer doppelnutigen Seilrolle mit gekröpftem Boden (Fig. 5), verfahren. Nur stellt man hier mit einer Schablone I (Fig. 6) zuerst die Grundkontur des gekröpften Bodens her. Über der mit Ölanstrich versehenen Grundkontur wird mit einer zweiten Schablone II (Fig. 7) das eigentliche Modell in Gips aufgebracht. Fig. 8 zeigt das fertige Gipsmodell a, die Grundkontur b und die Richtplatte c.

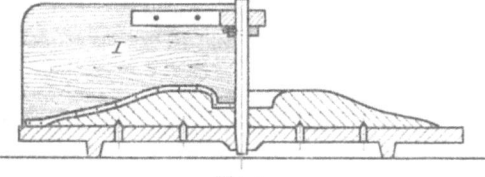

Fig. 6.

Die Grundkontur b benutzt man beim späteren Formen zur Herstellung des Metallmodells als Aufstampfklotz, damit der schwache Boden bei der Stampfarbeit nicht zerbricht.

Die vielseitige Anwendungsmöglichkeit des Schablonierens in Gips bei Neuanfertigung von Modellen zeigt auch das Beispiel des Lagerschildes (Fig. 9).

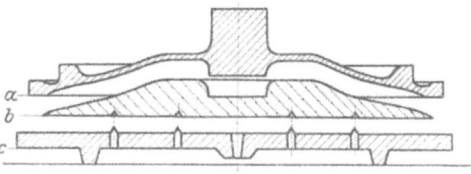

Fig. 7.

Zuerst dreht man wieder mit der Schablone I (Fig. 10) die Grundkontur, die hier aus dem Teil a und dem Ring b besteht. Dann werden die vier Durchbrüche *1, 2, 3* und *4* (Fig. 9 und 14) auf der Grundkontur festgelegt. Die Lage der vier Felder wird auf dem Gipsteil a (Fig. 10) mit der Schablone

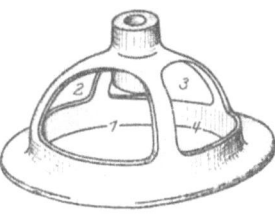

Fig. 9.

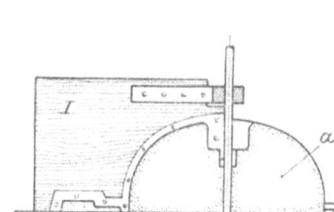

Fig. 10.

und einem Parallelreißer durch Rißlinien markiert (Fig. 11). Aus bildsamem Ton werden vier Platten p (Fig. 12) ausgewalzt, die mit Hilfe zweier Brettchen h etwas schwächer gehalten werden als die Arme des Lagerschildes. Nach einer Papierschablone sticht man die Form der vier Felder aus den Tonplättchen heraus (Fig. 13) und nagelt sie entsprechend den Rißlinien auf der Grundkontur fest

(Fig. 14). Nachdem die vier Felder zuverlässig befestigt sind, bringt man mit der Schablone II (Fig. 15), wie bereits bei den vorhergehenden Beispielen beschrieben, das Modell auf; vorher hat man durch einen Ölanstrich dafür zu sorgen, daß das fertiggedrehte Gipsmodell sich leicht und ohne beschädigt zu werden von der Grundkontur lösen läßt. Die etwas schwächer gehaltenen Tonfelder für die Aussparungen zwischen den Armen gestatten, die Schablone reibungslos zu drehen. Der an den Durchbrüchen über den etwas schwächer gehaltenen Tonfeldern entstandene Gipsgrat wird leicht durchgestoßen und das Modell allseitig formgerecht nachgearbeitet; dann wird es zur Herstellung eines Metallmodells eingeformt. Die Grundkontur dient hierbei wieder als Aufstampfklotz, damit die schwachen Modellteile nicht zerbrechen.

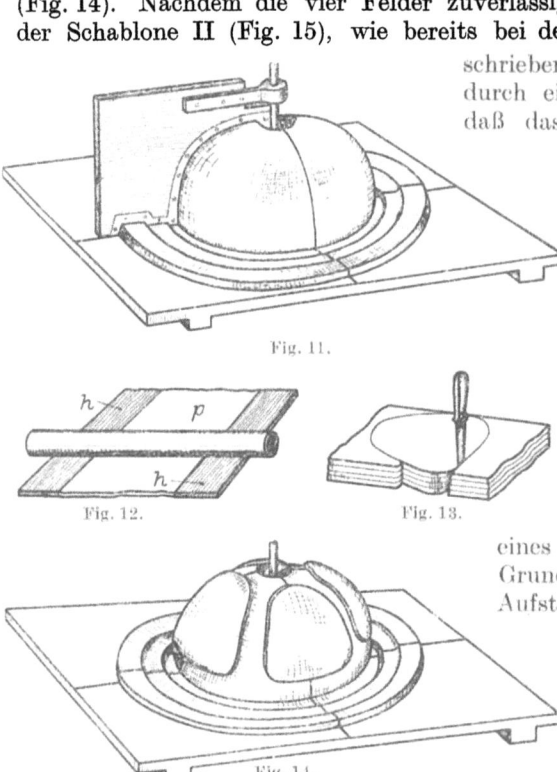

2. Drehen eines Gipshohlmodells für einen Zylinderkörper. Zum Drehen von Gipsmodellen verwendet man dieselben Werkzeuge, wie sie bei der Herstellung von aus Lehm angefertigten Drehkernen verwendet werden. Die Fig. 17 bis 21 zeigen die Arbeitsfolgen beim Drehen eines Hohlzylinderkörpers in Gips. Die Hauptmaße sind am fertigen Werkstück (Fig. 16) angegeben.

Die Spindel, auf der das Gipsmodell aufgebaut werden soll, versieht man mit einem Holzgerippe, wobei zu beachten ist, daß Spindel und Holzgerippe fest verbunden werden, damit sie sich nicht verschieben und verdrehen (Fig. 17). Auf der so vorgerichteten Spindel wird die Kernseele durch Drehen nach der Schablone I (Fig. 18) in Lehm fertiggestellt. Von der üblichen Herstellung eines Lehmkerns unterscheidet sich der

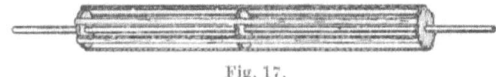

Arbeitsgang dadurch, daß man die Holzwolleumspinnung stärker ausführt, um die aufzutragende Lehmschicht möglichst dünn zu halten. Das Lehmmodell wird getrocknet, mit Sandpapier abgeschliffen und mit Lack angestrichen, um ihm eine möglichst glatte Fläche zu geben.

Muttermodelle.

Auf die so fertiggestellte Kernseele ist nun in entsprechender Stärke das eigentliche Hohlmodell in Gips aufzubringen. Um der aufzudrehenden Gipsschicht, die ja eine verhältnismäßig geringe Wandstärke erhält, Halt zu geben,

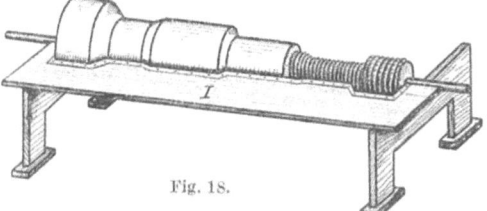
Fig. 18.

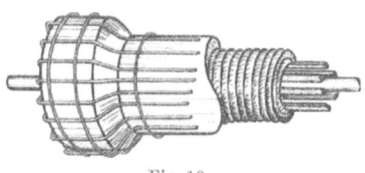
Fig. 19.

biegt man aus genügend starkem Eisendraht Formstangen, die man auf der Kernseele befestigt, indem man die rechtwinklig umgebogenen Enden an den etwas stärker gedrehten Stirnflächen der Kernseele festnagelt. Die Formstangen werden an vier oder fünf Stellen durch ein Klümpchen von steifem Gipsbrei unterstützt. Man erreicht hierdurch, daß die Eisenstangen, die der Gipsschicht Halt geben sollen, nach dem Fertigdrehen in der Mitte der Wandung des Hohlmodells liegen.

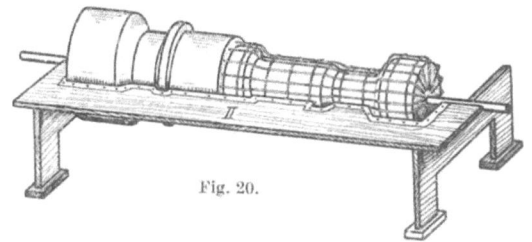
Fig. 20.

Hat man die Formstangen auf der Kernseele befestigt, so umgibt man das Ganze an mehreren Stellen noch mit einem Ring aus Bindedraht. Fig. 19 zeigt die aufgebrochene Lehmkernseele mit den befestigten Formstangen; auf der Spindel befindet sich das Holzgerippe, darüber ist die Holzwolle aufgewickelt, auf der Holzwolle ist die dünne Lehmschicht aufgetragen, auf der das Eisengerippe befestigt ist.

Nachdem man das Schablonenbrett II (Fig. 20) für die Modellkontur auf die Schablonierböcke gelegt und ausgerichtet hat, rührt man reichlich dicken Gipsbrei an, dreht die Modellkontur des Zylinderkörpers, jedoch ohne die Stirnseiten, roh vor und läßt das Ganze erst abbinden; dann schlichtet man mit weniger steifem Gips unter fortwährendem Drehen der Spindel so lange nach, bis scharfe Modellkonturen entstehen. Nachdem man die Nägel aus den Stirnseiten der Lehmkernseele herausgezogen hat, werden diese Seiten verputzt und geglättet, mit Öl angestrichen und die Stirnflächen des Gipsmodells aufgedreht.

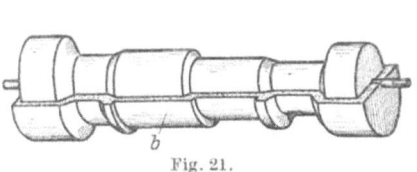
Fig. 21.

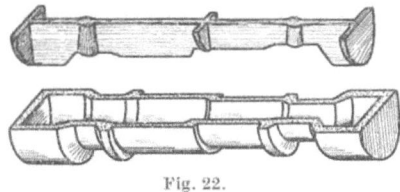
Fig. 22.

Nach dem Erhärten zieht man mit Hilfe der Schablone einen Mittelriß, sägt die Wandstärke unter Bearbeitungszugabe einige Millimeter oberhalb des Mittelrisses mit einer Säge auf und hebt die obere Hälfte des Modells ab, wobei die Ringe aus Bindedraht abgekniffen werden müssen (Fig. 21). Die Kernseele aus Lehm wird jetzt zerschlagen und aus dem Hohlmodell b entfernt. Die Modellhälfte b muß dann formgerecht nachgearbeitet und lackiert werden. Um dem Modell genügend Starrheit zu geben, läßt man vom Modelltischler eine Rippe anfertigen (Fig. 22).

Die so erhaltene Gipsmodellhälfte gießt man zweimal in Eisen ab, paßt sie durch Hobeln aufeinander, verschraubt sie und läßt den Körper auf der Drehbank maßhaltig und formgerecht bearbeiten. Beide Modellhälften werden zusammengedübelt und bilden ein vollständiges Modell.

Bei der Kernkastenherstellung für diesen Zylinderkörper verfährt man nach den gleichen Grundsätzen.

3. Ziehen von Gipsmodellen. Außer durch Schablonieren und Drehen lassen sich Gipsmodelle auch durch Ziehen herstellen, wie an dem Beispiel einer Schutzhaube (Fig. 23) gezeigt werden soll. Zum Ziehen von Gipsmodellen benötigt man

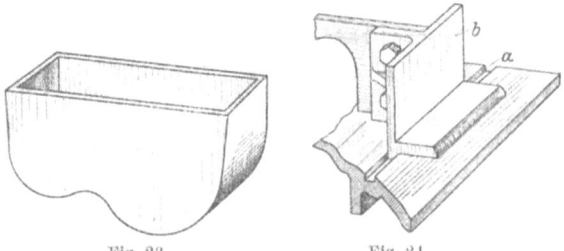

Fig. 23.   Fig. 24.

ein Werkzeug nach Fig. 24, das aus einer Richtplatte mit eingehobelter Führungsbahn a besteht, in der der Ziehbretthalter b gleitet, der zur Aufnahme und Befestigung der Ziehschablone dient.

Man beginnt mit dem Aufziehen der Grundform (Fig. 25), walzt zwei Tonstreifen in der Stärke der aufzuziehenden Gipswand aus und befestigt die Ton-

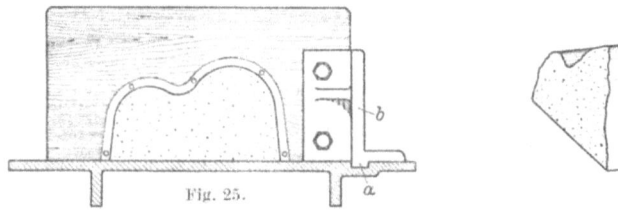
Fig. 25.

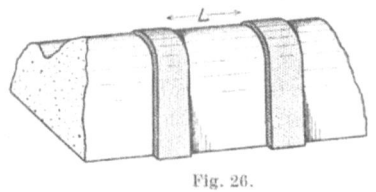
Fig. 26.

streifen so auf der Grundform, daß sie das zu ziehende Modell in der Länge L (Fig. 26) begrenzen. Hiernach wird das Ziehbrett für die Modellkontur hergerichtet

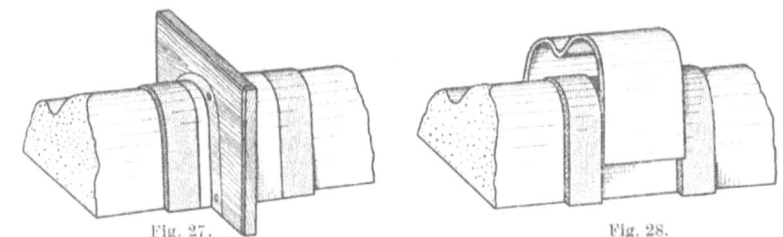
Fig. 27.   Fig. 28.

Fig. 29.

und die Wandstärke aufgezogen (Fig. 27). Die Grundform ist vorher mit Öl angestrichen, damit die erhärtete Gipsmasse sich leicht von ihr trennen läßt (Fig. 28). Die beiden Seitenwände fertigt man aus Holz und stellt das Modell durch Zusammenleimen des Gipsteiles und der beiden Holzwände her (Fig. 29). Das Modell wird sauber verputzt, mit Hohlkehlen versehen und in Eisen oder Metall abgegossen.

Die Zieheinrichtung Fig. 24 läßt sich natürlich auch behelfsmäßig herstellen, indem man für die Führung am Ziehbrett eine Gleitleiste befestigt und den Halter an einer gehobelten Führungsbahn laufen läßt.

Es sei schon hier bemerkt, daß die beschriebenen Musterbeispiele für die Herstellung von Gipsmodellen nur das Grundsätzliche der einzelnen Arbeitsverfahren verdeutlichen sollen. Man kann bei der Anfertigung von Gipsmodellen auch zwei oder drei dieser Verfahren vereinigen. Überhaupt ist das Anwendungsgebiet der Modellherstellung in Gips äußerst vielseitig (s. auch „Beispiele aus der Praxis").

B. Herstellung von Kernkasten und Kernschalen.

Den besonderen Bedingungen der Massenfertigung in der Maschinenformerei haben, ebenso wie Modelle und Formplatten, auch die Kernkasten zu genügen. Der Kernkasten aus Holz wird in keiner Weise den Erfordernissen der mengenmäßigen Herstellung gerecht aus den schon im Abschnitt über die Gebrauchsmodelle zur Plattenherstellung (S. 3) angeführten Gründen.

Aus Gründen der Wirtschaftlichkeit und um sicher zu sein, daß die Kerne beim Trocknen maßhaltig bleiben und sich nicht verformen, läßt man sie in Kernschalen trocknen. Dem Modellplattenmacher erwächst hierdurch die Aufgabe, den Metallkernkasten und das nötige Modell zum Abguß der eisernen Kernschalen gebrauchsfertig herzustellen.

Gewöhnlich wird nach dem in Gips hergestellten Muttermodell der Metallkernkasten abgegossen und für die abzugießenden Kernschalen eine einfache Gipsplatte hergestellt. Nur bei ausgesprochener Massenfertigung (Radiatoren usw.) gibt man der einfachen Gipsplatte für die Kernschalen durch Einbetten von Metallmodellen eine größere Lebensdauer.

In diesem Falle ist die Arbeitsfolge:
Herstellung des Ursprungmodells in Gips (dreifach Schwindmaß und Bearbeitungszugabe[1])

Abgießen des Muttermodells nach dem Ursprungmodell

Abgießen des Metallkernkastens nach dem Muttermodell

Herstellung der Modellplatte für die Kernschalen (einfache Gipsplatte mit eingegossenem Metallmuttermodell).

An Hand der Fig. 30 ÷ 40 sind zunächst die Arbeitsfolgen zur Herstellung von Kernkasten und Kernschalen unabhängig von der

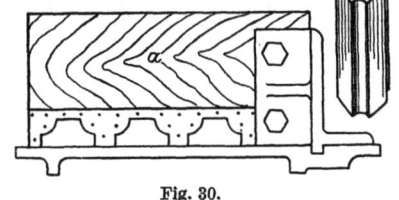

Fig. 30.

Modellherstellung beschrieben; die Fälle, bei denen sich die Kernkastenherstellung zwangläufig aus der Anfertigung der Modelle ergibt, werden später noch besonders berücksichtigt.

Als erstes Beispiel sei die Herstellung eines Kernkastens für den Kern d nach Fig. 30 beschrieben, bei dessen Einfachheit lediglich das Ziehen eines Muttermodells aus Gips in Frage kommt. Der Kernkasten wird hergestellt, indem man zuerst auf einer Richtplatte mit der Schablone a die drei Kernseelenhälften anfertigt. Die Schließflächen c (Fig. 32) erhalten eine Bearbeitungszugabe für das Fräsen. Die erhärteten Kernseelen werden glatt geschliffen und mit einem leichten Trennungsanstrich aus Öl versehen; mit Hilfe einer zweiten Schablone b (Fig. 31) wird die Wandstärke der eigentlichen Kernkastenhälfte darüber aufgezogen (vgl. auch S. 8 und 51). Nach gründlicher Lufttrocknung

---

[1] Das dreifache Schwindmaß für das Ursprungmodell bewirkt, daß das Muttermodell, das nach dem Ursprungmodell abgegossen wird, doppeltes Schwindmaß erhält. Nach diesem Muttermodell werden sowohl die Kernschalen als auch der Metallkernkasten abgegossen, die hierdurch einfaches Schwindmaß für den Gebrauch in der Kernmacherei erhalten.

werden die Gipsteile durch Sägen auf das gewünschte Maß gebracht. Es empfiehlt sich auch, an den Stirnflächen Bearbeitung für das Fräsen zuzugeben.

Nachdem man vorsichtig die Kernseelen aus der eigentlichen Kernkastenhälfte entfernt hat, wird diese formgerecht nachgearbeitet, lackiert und zweimal in

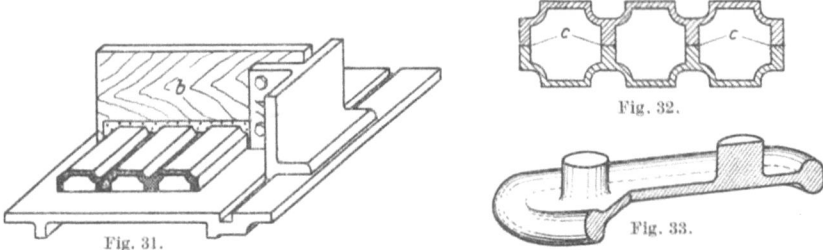

Fig. 31.   Fig. 32.   Fig. 33.

Eisen oder Metall abgegossen. Durch Fräsen auf den Schließflächen und an den Stirnseiten wird der Kernkasten auf genaues Maß gebracht und nachher passend verdübelt (Fig. 32).

Bei der Anfertigung der Schablonen sind die Schwindmaße des vorgesehenen Modellmetalls zu berücksichtigen.

Fig. 33 zeigt ein zweites Beispiel, bei dem vorausgesetzt sei, daß es in sehr großen Mengen hergestellt wi d und daß die wirtschaftliche Herstellung der Kerne deshalb Schalentrocknung nötig macht. In solchem Falle muß, wie am Eingang dieses Abschnitts erwähnt, ein Ursprungmodell in Gips angefertigt werden. Bei den benötigten Schablonen sind die spätere Bearbeitung und entsprechende Schwindung zu berücksichtigen (s. Fußnote S. 9).

Die Herstellung des Gipsmodells ist in diesem Falle schwieriger als bei dem bis jetzt beschriebenen Verfahren, weil die verschiedenen

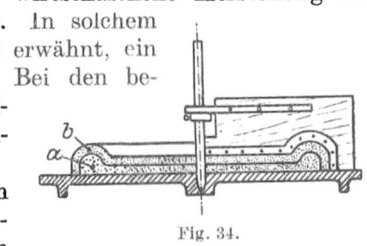

Fig. 34.

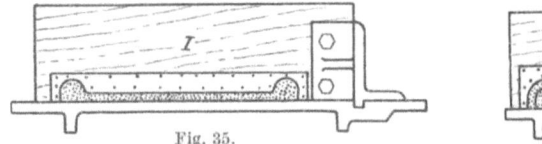

Fig. 35.

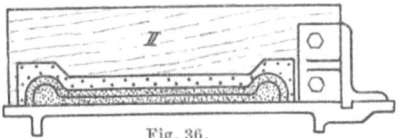

Fig. 36.

Teile einzeln angefertigt werden und zum Schluß auf einem Aufriß passend zusammengesetzt werden müßen.

Man stellt zuerst die beiden halbrunden Modellenden in einem Arbeitsgang durch Schablonieren her (Fig. 34). Auf die fertiggestellten Kernseelen a schabloniert man

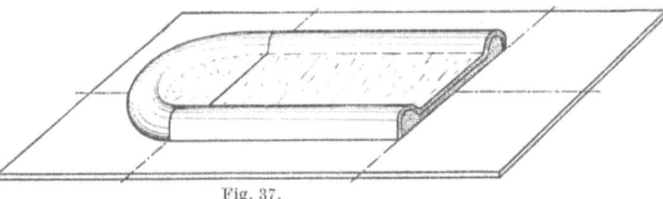

Fig. 37.

die Wandstärke b auf, trennt sie nach dem Erhärten durch einen Mittelschnitt in zwei gleiche Hälften und erhält so die beiden halbrunden Modellenden. Dann stellt man durch Ziehen nach Fig. 35 und 36 das Mittelstück her und bringt es durch Absägen auf genaues Maß. Das Mittelteil und die beiden halbrunden Modellenden werden passend auf dem Aufriß der Richtplatte zusammengesetzt (Fig. 37).

Nach diesem Ursprungmodell wird das Muttermodell in Metall abgegossen und vom Modellschlosser nachgearbeitet. Man gießt dann nach dem Muttermodell die beiden Kernkastenhälften ab. Beim Abguß der zweiten Kernkastenhälfte sind die beiden zylindrischen Teile aufzudübeln, die aus zwei gedrechselten Holznaben mit Kernmarken bestehen (Fig. 38). Die beiden Kernkastenhälften werden auf den Schließflächen gefräst, vom Modellschlosser nachgeschabt und passend verdübelt (Fig. 39).

Zum Abguß für die Kernschalen gibt man dem Muttermodell auf der Rückseite Rippen a (Fig. 40), die die abzugießende Kernschale gegen Werfen unter dem

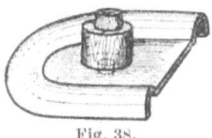
Fig. 38.

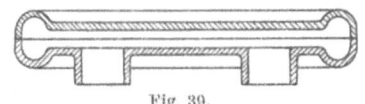
Fig. 39.

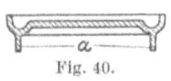
Fig. 40.

Einfluß der Trockenfeuerung widerstandsfähig machen. Das so vorgerichtete Muttermodell für die Kernschalen gießt man in einer Gipsplatte fest und kann danach jederzeit Ersatz für unbrauchbar gewordene Kernschalen anfertigen.

C. Hilfsmodelle aus Gips.

Die bisher beschriebene Herstellung von Modellen aus Gips hatte den Zweck, Muttermodelle zu schaffen, nach denen Gebrauchsmetallmodelle hergestellt werden sollen. Bei Herstellung geringerer Mengen von Gußstücken sind kostspielige Metallmodellplatten unwirtschaftlich, weil sie sich bei der Erledigung des kleinen Auftrages nicht bezahlt machen würden. In solchen Fällen genügt die billig herzustellende einfache Gipsplatte.

Handelt es sich um ein kleineres Modell, das allein die kleinste Formkastengröße nicht ausnützt, so muß man das Modell mehrmals auf der Platte anordnen. Zur Anfertigung einer solchen Formplatte sind Hilfsmodelle herzustellen. Ihrem besonderen Zweck entsprechend sollen Hilfsmodelle in der Herstellung möglichst billig, dabei aber genau maßhaltig sein. Ein bewährtes Verfahren ist die Herstellung von Hilfsmodellen aus Gips durch Schleudern in einer Vervielfältigungsform.

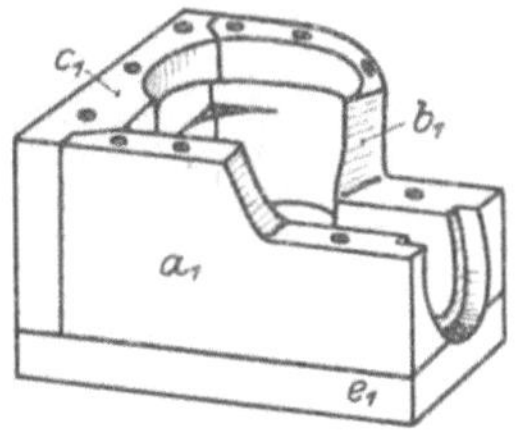

Im folgenden wird die Herstellung einer solchen Form für ein kleines Rädergehäuse beschrieben. Fig. 41 zeigt das Holzmodell, Fig. 42 die fünfteilige fertige Vervielfältigungsform aus Gips und die

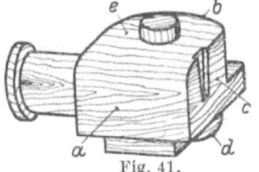
Fig. 41.

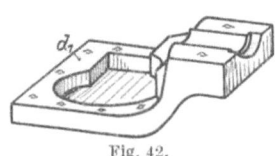
Fig. 42.

Fig. 43 ÷ 47 die Herstellung der fünf einzelnen Teile mit Hilfe des Holzmodells.

Man beginnt mit der Seite a (Fig. 43) des Holzmodells, indem man rings um diese Seite gut modellierbaren Ton ansetzt und ihn mit dem Spachtel von innen bis zu den Kanten der Fläche scharfkantig ausschneidet. Den so entstandenen Raum füllt man mit Gipsbrei aus, läßt abbinden, nimmt dann den Ton ab und setzt die so gewonnene erste Seitenwand a_1 beiseite. Mit der entgegengesetzten Seite b (Fig. 44) des Modells verfährt man in gleicher Weise und stellt, wie vorhin beschrieben, die zweite Seitenwand b_1 der Vervielfältigungsform Fig. 42 her. Die Stirnkanten der so erhaltenen Wände werden mit dem Schaber glatt nachgearbeitet und mit muldenförmigen Vertiefungen versehen, die man mit der Lanzettenspitze einbohrt. Diese Vertiefungen ergeben bei Herstellung der dritten Seitenwand c_1 und der beiden Deckelflächen d_1 und e_1 erhabene Dübel, die beim Zusammensetzen der fertigen Form die richtige Lage der fünf Teile zueinander sichern.

Man setzt eine kleine Stahlklammer so über die wieder am Holzmodell angelegten Gipswände a_1 und b_1, daß sie fest am Modell anliegen (Fig. 45). Dann stellt man

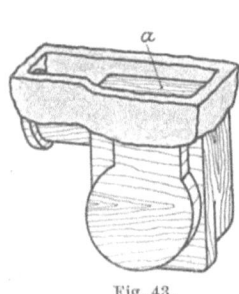

Fig. 43.

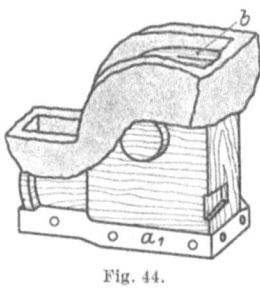

Fig. 44.

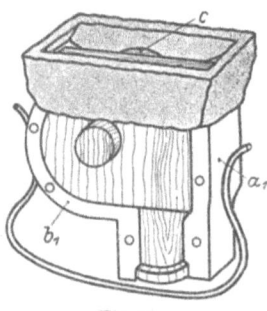

Fig. 45.

die dritte Seitenwand c_1 und nachher (Fig. 46 und 47) die beiden Deckelflächen d_1 und e_1 her, wie vorhin beschrieben. Hat man die fünfteilige Vervielfältigungsform soweit fertig, so glättet man die einzelnen Teile an den Innenflächen mit Glaspapier und streicht sie mit Schellack an. Beim Zusammensetzen der Vervielfältigungsform erhält man eine Öffnung am Flansch, durch die man den Gipsbrei in die Form hineingießen kann.

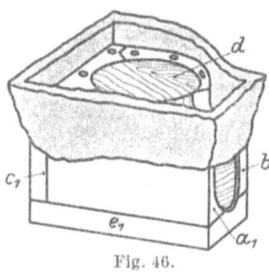

Fig. 46.

Man rührt nun mäßig dicken Gips an, setzt die Form zusammen, verklammert sie mit Drahtklammern, streicht die Innenflächen leicht mit Öl an, gießt den angerührten Gips in die Form und schleudert diese. Durch die Fliehkraft wird der Gipsbrei nach außen gedrängt und ergibt so gleichmäßig scharf ausgefüllte Konturen. In dieser Weise kann man die Vervielfältigungsformen so oft verwenden, als Hilfsmodelle nötig sind.

Das Verfahren gibt genaue und maßhaltige Vervielfältigungen, die vor allen Dingen nicht schwinden und deshalb besser als gegossene Metallhilfsmodelle sind.

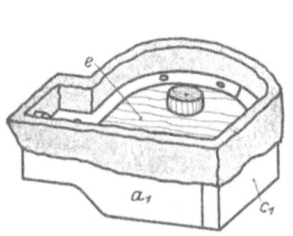

Fig. 47.

D. Formgerechte Modelle.

Bei Herstellung von Massenartikeln auf Formmaschinen ist es wichtig, daß die Abgüsse maßhaltig und sauber gegossen sind. Kleinere Gußstücke werden bei der Bearbeitung in der mechanischen Werkstatt in Vorrichtungen gelegt; sie müssen daher innerhalb gewisser Toleranzen lehrenhaltig sein und eine saubere Oberfläche besitzen.

Solche Abgüsse sind nur dann zu erzielen, wenn die Modelle formgerecht sind, richtig zur Formteilebene auf der Modellplatte ausgewinkelt liegen und wenn die Ansteckteile so angeordnet sind, daß sie nicht verstampft werden können.

Formgerechte Modelle.

Die Modelle müssen glatte Abhubflächen haben und zweckmäßig verjüngt sein; andernfalls zerreißt die Form beim Abhub, und das Ergebnis sind unsaubere Abgüsse und Ausschuß. Deshalb sind alle gedrehten, gehobelten und gefrästen Modelle an den senkrechten Hubflächen noch durch Schleifen oder Polieren zu glätten.

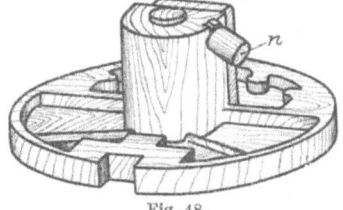

Fig. 48.

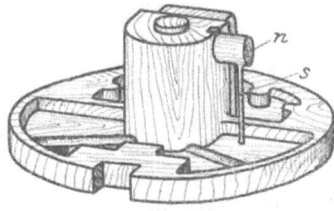

Fig. 49.

Desgleichen sind bei gefeilten Modellen die Feilriefen sorgfältig mit feinstem Schmirgelpapier abzuschleifen oder durch Schaben mit dem Schaber zu glätten. Lose Modellteile müssen so angeordnet werden, daß sie nicht verstampft werden können. Mit Nägeln angesteckte Modellteile sind überhaupt zu verwerfen; denn da der Stift herausgezogen werden muß, bevor die Arbeit des Sandverdichtens vollendet ist, so können die Ansteckteile leicht verstampft werden. Auch die Befestigung durch Schwalbenschwanz, die an sich nicht schlecht ist, zeigt in der Praxis Nachteile: der Schwalbenschwanz saugt sich beim Sandverdichten gewöhnlich fest, löst sich beim Abheben nicht vom Modell, die Form zerreißt und die nun einsetzende Nach- und Flickarbeit bedeutet Zeitverlust und führt zu Ungenauigkeit und Ausschuß.

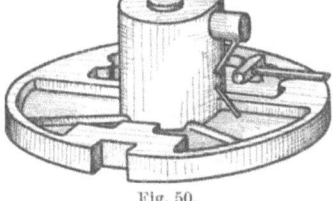

Fig. 50.

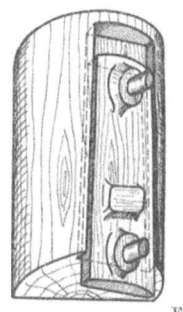 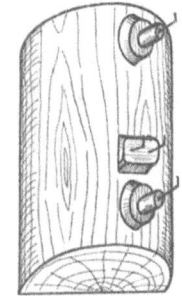

Fig. 51.

Die folgenden Beispiele veranschaulichen richtige Befestigungsarten von losen Modellteilen, welche die beschriebenen Fehler mit Sicherheit vermeiden.

Fig. 48 zeigt ein Modell mit einer in den Hauptteil eingelassenen seitlichen Nabe n. Diese Nabe soll am Abguß rechtwinklig zum Hauptkörper stehen. Die Anordnung der losen Nabe bietet keine genügende Sicherung gegen Verstampfen. In Fig. 49 ist die lose Nabe durch eine kleine Säule s unterstützt. Die Säule ist etwas verjüngt gehalten und mit dem starken Ende fest mit dem Hauptmodell verbunden. Die lose aufgedübelte Nabe kann jetzt beim Sandverdichten ihre Lage nicht verändern. Die mitgegossene Unterstützungssäule wird beim Putzen durch einen Hammerschlag entfernt (Fig. 50).

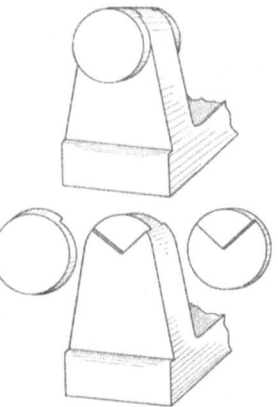

Fig. 52.

Im zweiten Beispiel (Fig. 51) sind die losen Modellteile (rechts) zweckmäßig auf einer eingelassenen Fläche (links) vereinigt. Diese Fläche hat rechtwinklige Kanten und ist unten breiter als oben. Sie kann nicht verstampft werden, noch kann sie sich festsaugen.

Die losen Scheiben in Fig. 52 sind gekennzeichnet durch dreieckige Auflageflächen, die ebenfalls eine gute Sicherung gegen Verstampfen und Festsaugen bieten.

Alle drei Anordnungen haben gegenüber der Befestigung der angesteckten Teile durch Nägel den Vorteil, daß das Verstampfen vermieden wird.

Zusammenfassend kann also gesagt werden, daß es nicht genügt, wenn die Modelle formgerecht sind, sie müssen vielmehr auch richtig auf Abhub auf der Modellplatte befestigt werden. Daher müssen alle auf der Formplatte eingebetteten Modelle vor dem Aufstampfen genau ausgewinkelt sein. Hierdurch ergeben sich die Richtlinien für das Kontroll- und Arbeitswerkzeug in der Modellwerkstatt.

II. Modellplattenherstellung.

A. Werkzeug zur Plattenanfertigung.

Bei der Beschreibung der Werkzeuge, die in der Modellplattenwerkstatt gebraucht werden, soll davon abgesehen werden, die Kontroll- und Meßwerkzeuge von den eigentlichen Arbeitswerkzeugen zur Plattenherstellung streng zu trennen. Da die Grenzen von Arbeits- und Meßwerkzeugen ineinander übergehen, soll vielmehr so verfahren werden, daß der Aufbau der Werkzeuge, wie er sich natürlich ergibt, gezeigt wird.

Die Lehrplatte nach Fig. 53 ist das wichtigste Werkzeug zur Festlegung der Zentrierabmessungen und zur Kontrolle der Führungsgenauigkeit für alle Formkastengrößen, Modellkästen, Zentrierrahmen, Loch- und Bohrschablonen.

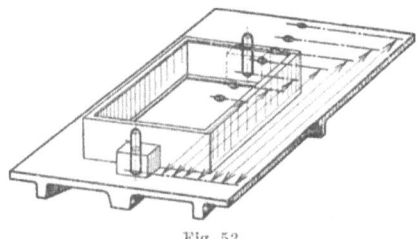

Fig. 53.

Die Lehrplatte muß stark bemessen, richtig verrippt, auf der Oberfläche hart gegossen und sauber gehobelt und geschlichtet sein. Die Löcher sind mit gehärteten Stahlbuchsen zu versehen und im Durchmesser zu normen, sodaß Kaliber und Löcher genau zueinander passen.

Nach der Lehrplatte stellt man sich die Lochlehre (Fig. 54) her. Die Schnittzeichnung (Fig. 55) zeigt die ebenfalls starr gegossene Lochlehre in Verbindung mit der Lehrplatte beim Festlegen der Füh-

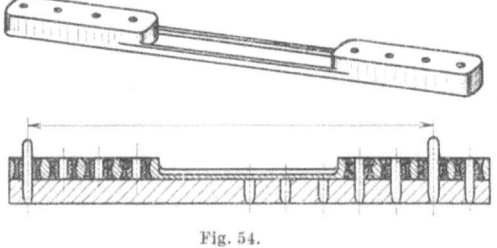

Fig. 54.

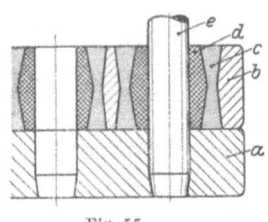

Fig. 55.

rungslöcher. Die Lochlehre hat doppelt kegelige Löcher, deren Durchmesser in der Mitte kleiner als an den Enden sind. Die innen lehrenhaltig gedrehten Stahlbuchsen d sind gehärtet und haben außen die Form von Doppelkegeln, die jedoch im Gegensatz zu den Löchern der Lochlehre an den Enden kleinere Durchmesser als in der Mitte haben. Die Stahlbuchse streift man über die in der Lehrplatte a feststehenden Kaliber e und gießt den Zwischenraum zwischen Stahlbuchse und Lehrenloch mit Hartmetall c aus, das sich durch die entgegengesetzte Kegelanordnung beim Schwinden fest in die Lochlehre b einzieht.

Nach der Lochlehre stellt man für die verschiedenen Formkastengrößen Bohrschablonen her.

Die Lochlehre ist Arbeitswerkzeug zur Plattenherstellung; sie ist von Zeit zu Zeit an Hand der Lehrplatte genau zu kontrollieren.

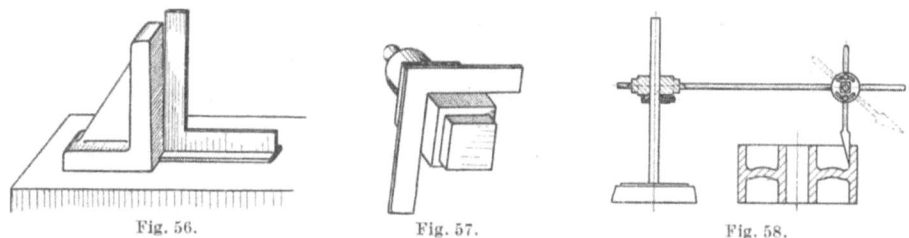

Fig. 56. Fig. 57. Fig. 58.

Fig. 56 zeigt die Anwendung eines Stellwinkels und Fig. 57 die Anwendung eines Handwinkels. Die Scheibe mit gebogenem Boden (Fig. 58) läßt sich im Innenkranz schlecht auf einwandfreien Abhub kontrollieren. Es kommen in der Gießerei sogar noch schwieriger zu kontrollierende Modelle vor. In diesen Fällen arbeitet man mit der Kegelnadel, die aus einer glatten Fußplatte mit einer festen Spindel,

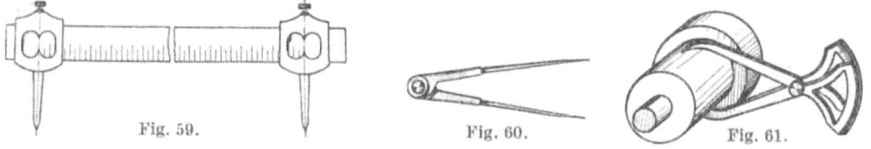

Fig. 59. Fig. 60. Fig. 61.

einem auf Feinpassung gearbeiteten Ring und Spindelarm (durch einen Stellring auf der Spindel in der Höhe verstellbar) und der drehbar angeordneten Kegelnadel (Fig. 58) besteht.

Das meist gebrauchte Werkzeug beim Aufreißen der Modellplatte ist der Stangenzirkel (Fig. 59). Feinpassung in den Schubteilen ist unerläßlich. Der

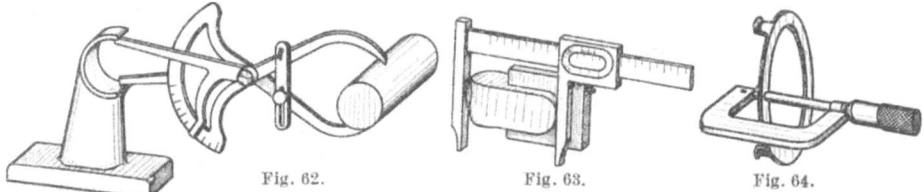

Fig. 62. Fig. 63. Fig. 64.

Spitzzirkel (Fig. 60) dient mehr zum Aufzeichnen und Übertragen kleinerer Kreise. Bei kleinen Abmessungen wird er selbstverständlich auch zum Aufreißen gebraucht. Mit Hilfe der Taster (Fig. 61 und 62) überzeugt man sich hauptsächlich von der Richtigkeit der Abmessungen walzenförmiger oder rachenartiger Modellteile, besonders runder Kernmarken oder Höhlungen. Fig. 63 zeigt eine Schublehre beim zweckmäßigen Messen der Länge eines Laschenmodells. Die Wandstärke des kleinen Ringes mißt man einwandfrei mit der Feinmeßschraube (Fig. 64)[1].

Das Drehtischchen nach Fig. 65 erleichtert die Nacharbeit beim Schaben und Ziselieren fertiggestellter Platten insofern, als die Platte drehbar gelagert ist und sich leicht bewegen läßt.

---

[1] Siehe auch Heft 2: Meßtechnik.

Modellplattenherstellung.

Das Arbeitswerkzeug zur Plattenherstellung besteht hauptsächlich aus den werkzeugmäßig genau gearbeiteten und mit besonderen Sonderführungen versehenen Modellkästen. Diese Kästen sind so stark bemessen, daß sie gut starr sind; sie sind auf den wagerechten und senkrechten Sitz- und Schließflächen genau bearbeitet und mit Präzisionsführungen versehen. In gewissen Zeitabständen ist auch das Modellkasteninventar zu kontrollieren.

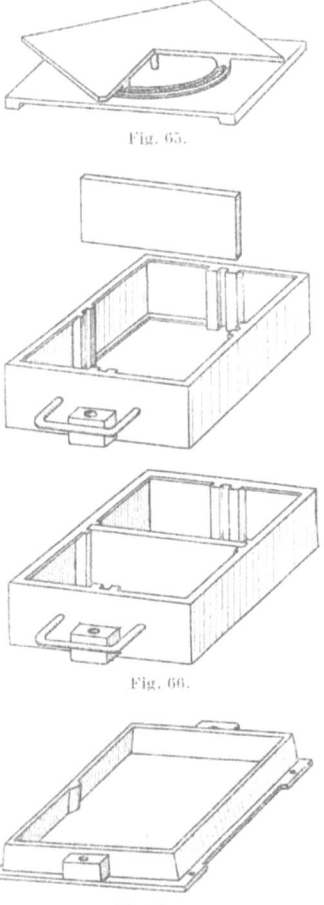

Fig. 65.

Fig. 66.

Fig. 67.

Fig. 68.

Fig. 66 zeigt einen Modellkasten mit Einrichtung zur Quer- und Längsteilung. Wenn man Ober- und Unterkasten durch eine Wand in zwei gleiche Teile in der Längs- oder Querrichtung teilt, fertigt man mit ihnen Modellplatten mit doppelt soviel Modellen an, als zur Herstellung nötig waren (s. Fig. 76 und Abschnitt „Gipsplatten" und „Reversierformplatten").

Der Gipsrahmen gibt dem eigentlichen Gipsklotz die starre Umhüllung und die Führung für den aufzunehmenden Zentrierrahmen oder das Formkastenteil. In der Ausführung unterscheidet man zwischen auswechselbaren und Festgipsrahmen. Beim Festgipsrahmen ist, wie der Name schon sagt, der Rahmen fest mit dem eingegossenen Gips verbunden. Beim auswechselbaren Rahmen (Fig. 67) lassen sich die Gipsplatten untereinander im Rahmen auswechseln. Die inneren Wände sind zum leichten Auswechseln verjüngt gehalten, geschliffen und an einer Längswand mit einer Nase versehen, damit der richtige Sitz der ausgewechselten Platten gewährleistet ist. In bezug auf Genauigkeit ist dem Festgipsrahmen der Vorzug zu geben.

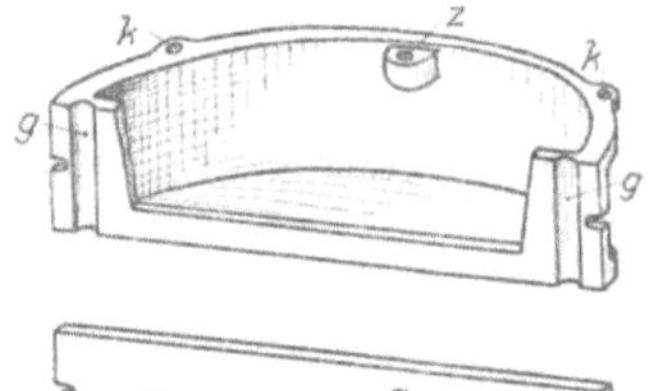

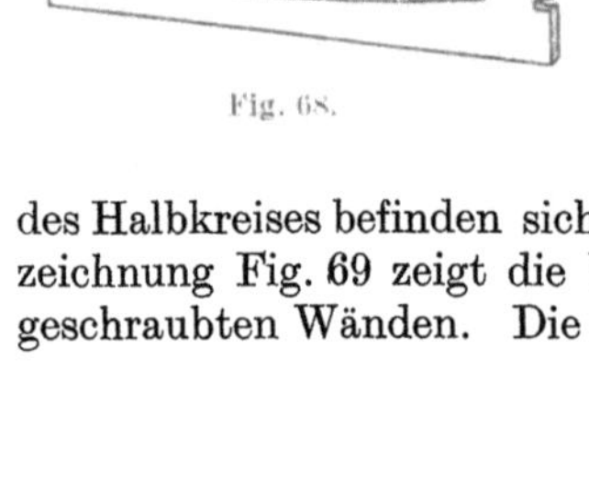

Fig. 68÷70 stellen einen runden, Fig. 71÷73 einen rechteckigen Reversiermodellkasten dar. Dieses Werkzeug dient zur Herstellung von Modellplatten, nach denen Ober- und Unterform zugleich geformt werden, so daß sich aus zwei von einer Modellplatte abgestampften Formhälften nach Verdrehung einer Hälfte um 180⁰ eine ganze Form zusammensetzen läßt (s. Abschnitt „Reversierverfahren"). Die Ausführung der Reversierformkästen ist aus den Zeichnungen ersichtlich. Fig. 68 zeigt die eine Hälfte des Reversierkastens mit dazugehöriger anschließbarer Wand a. Die Hälfte besitzt ein normales Zentrierloch z im Lappen, genau Mitte innerhalb des Halbkreises, und an der Stirnwand rechts und links ein im Durchmesser geteiltes Zentrierloch g. Auf dem oberen Rand des Halbkreises befinden sich noch zwei kleinere Zentrierlöcher k. Die Schnittzeichnung Fig. 69 zeigt die beiden Hälften in Arbeitsstellung zueinander mit eingeschraubten Wänden. Die Zentrierlöcher z und die äußeren kleineren Zentrierlöcher k gewährleisten ihre richtige Lage zueinander. In Fig. 70 sind die Wände abgeschraubt. Die richtige Lage der hier auf einer gehobelten Platte nebeneinander gesetzten Kasten wird durch die sich jetzt gegenseitig ergänzenden, im Durchmesser geteilten Zentrierlöcher g gesichert.

Die rechteckige Ausführung ist gekennzeichnet durch vier kleinere und vier größere Führungslappen (Fig. 71). Die Zentrierlöcher in den Führungslappen sind im Durchmesser nach der von der Lehrplatte festgelegten Norm gebohrt und passen somit unter-

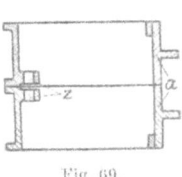

Fig. 69.

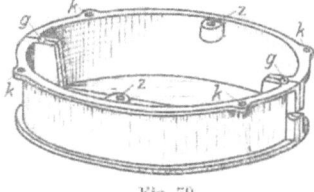

Fig. 70.

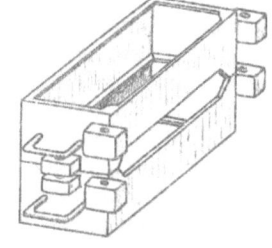

Fig. 71.

einander. In der Arbeitsstellung übereinander werden die Kasten durch die kleineren Führungslappen gesichert, in der Arbeitslage nebeneinander durch die in besonderer Stellung zueinander angeordneten größeren Führungslappen. In dieser Lage liegen die Zentrierlöcher genau auf dem Mittelriß der Formfläche (Fig. 72). Das Formkastenteil Fig. 73 ist gekennzeichnet durch die Anordnung der Führungslappen innerhalb und außerhalb der beiden Stirnseiten. Der Formkasten findet Anwendung bei Festlegung der Führung innerhalb der Modellform (s. „Abstreifkämme").

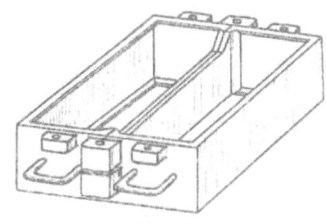

Fig. 72.

Die Schnittzeichnung Fig. 74 zeigt Modellkastenteil k, Gipsrahmen g und Lochlehre l in Verbindung miteinander. Die Differenz zwischen größerem Modellkastenteil und kleinerem Gipsrahmen ist, wie wir später noch sehen werden, für den oft mitzuformenden Abstreifkamm gedacht. Durch Verwendung der Lochlehre ist es möglich, Modellplatten kleinerer Abmessungen nach vorhandenen größeren Modellkästen herzustellen.

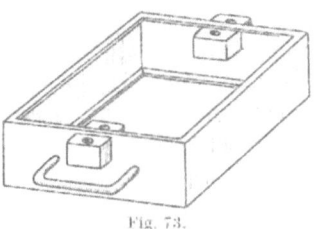

Fig. 73.

B. Allgemeines.

Die Form- oder Modellplatte verbindet ein oder mehrere Modelle mit einem Lehrboden und mit Eingußkanälen. Die Vorteile der Formplatte bestehen darin, daß

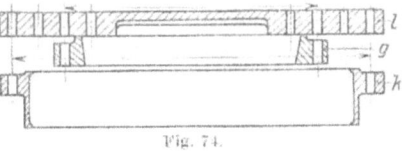

Fig. 74.

die Formteilungsebene vorhanden ist und daß die stets wiederkehrende Modellanordnung und das Ausschneiden der Eingußkanäle erspart wird. Ebenso braucht nicht jedes Modell einzeln aus der Form gehoben zu werden, sondern die Modelle werden durch Abheben der Formplatte gemeinsam und gleichzeitig ausgehoben. Meist ist die Modellplatte mit einer Formmaschine in Verbindung gebracht. Die Arbeiten, die vornehmlich von der Maschine ausgeführt werden, sind: das Verdichten des Formsandes und der Abhub der Modellplatte. Die Modellplatte ist aber der eigentlich formgebende Apparat; sie beeinflußt sowohl Menge wie Güte der Gußstücke.

Alle Modellplatten lassen sich in der Hauptsache in zwei große Gruppen einteilen, in einfache Formplatten und solche mit beweglichen Teilen. Bei diesen sind die Bewegungen des Abhubes ausgiebiger mechanisiert als bei den einfachen. Zu den Platten mit beweglichen Teilen gehören die Durchzugplatten, Formplatten mit Abstreifkämmen, Kernausdrückern usw. Theoretisch ist ihr Anwendungsgebiet unbegrenzt, in der Praxis bestimmen wirtschaftliche Gesichtspunkte die Grenzen ihrer Anwendung. Die einfachen Formplatten unterscheidet man im allgemeinen in montierte und gegossene. Ihr Anwendungsgebiet ist bei weitem nicht so groß wie das der Modellplatten mit beweglichen Teilen. Für gegossene Formplatten verwendet man Eisen, Metall, Gips oder gipsähnliche Massen und benutzt einen dieser Stoffe allein oder auch in Verbindung mit einem anderen.

Man unterscheidet ferner Mischplatten und Sonderplatten. Unter Mischplatten versteht man solche Modellplatten, bei denen Modelle verschiedener Art auf einer Modellplatte vereinigt sind; Sonderplatten dagegen sind solche, auf denen ein bestimmtes Modell in einem oder mehreren Exemplaren angeordnet ist. Der Sonderplatte ist in jeder Weise der Vorzug zu geben, wenn auch dagegen sprechen sollte, daß sie in der Herstellung teurer ist. Mischplatten sind zweckmäßig nur dort anzuwenden, wo man geringere Mengen verschiedener Abgüsse in gleicher Stückzahl anzufertigen hat und wo sich mehrere Modelle ohne Schwierigkeiten auf einer Modellplatte anordnen lassen. Die Hauptüberlegung muß dabei sein, ob bei allen auf der Mischplatte angeordneten Modellen die gleiche Ausschußgefahr besteht. Sind auf einer Mischplatte einfache und vielgestaltige oder dünnwandige und starkwandige Stücke vereinigt, so tritt stets der Fall ein, daß die einfachen Teile in der nötigen Menge fertig sind, während von den schwierigen, eben ihrer höheren Ausschußgefahr wegen, größere oder kleinere Mengen fehlen. Läßt man die fehlenden Abgüsse in der Handformerei anfertigen, so ist das genau so unwirtschaftlich, als wenn nach der Mischplatte weiter gearbeitet wird, da man natürlich die schon erledigten Abgüsse mitformen muß. Dieser Nachteil der Mischplatte läßt reifliche Überlegung bei ihrer Anwendung geboten erscheinen.

Überhaupt muß die Modellplattenherstellung in allen Einzelheiten sorgfältig durchgeführt werden. Um spätere Reklamationen zu vermeiden, sind genaue Kontrolle, Ordnung und fachmännische Disposition erforderlich.

C. Gipsplatten.

Die einfachste und elementarste Modellplattenart ist die Gipsformplatte. Ihre Anfertigung setzt größere Sonderkenntnisse nicht voraus. Der Hauptvorteil der Gipsplatte liegt in der schnellen und billigen Herstellung. Ihre Nachteile sind, daß sie bei der Stampfarbeit leicht beschädigt wird und sich für den Gebrauch bei Rüttelformmaschinen wenig eignet. Ferner kann der Abhub bei einfachen Gipsformplatten nicht durch bewegliche Teile gefördert werden. Das Verfahren zur Herstellung von Gipsplatten ist sehr einfach und sei in folgendem beschrieben:

Unter- und Oberkasten werden über den formgerecht zur Formteilebene ausgewinkelten Modellen aufgestampft, beide Kastenhälften getrennt, die Eingußkanäle angeschnitten und die Modelle herausgehoben. Mit Rücksicht auf einen einwandfreien Abhub sind in der Form sämtliche Kanten leicht verjüngt zu brechen. Nachdem die Form mit Lykopodium eingestaubt ist, setzt man die Gipsrahmen passend auf und richtet den Gipsbrei vor. Dabei verfährt man wie folgt:

Hat man kleinere Gipsformplatten zu gießen, so schätzt man die nötige Menge Wasser ab und stellt sie in einem Eimer bereit. Dem Wasser wird so lange Gipsmehl zugesetzt, bis das Gipsmehl in Handbreite als ein kleiner Kegel aus dem Wasser herausragt. Nun wird mit der Hand der Gips, der im Wasser Klümpchen gebildet hat, so lange zerdrückt, bis das Ganze einen gleichmäßigen dickflüssigen Brei bildet. Der Gipsbrei soll schnell trocknen und darf deshalb nicht zu dünn sein und andererseits auch nicht zu dick, weil er scharfe Formkanten bilden muß. Der so eingerührte Gipsbrei wird nun über die Form in den Gipsrahmen gegossen. Zur Erhöhung der Haltbarkeit der Platten gießt man Maschendraht oder Hanfsträhnen mit ein. Kurz vor dem Erhärten wird die Oberfläche des Gipsrahmens mit einer Streichleiste glatt abgestrichen. Ist der Gips erhärtet, so hebt man den Gipsrahmen von der Form ab, befreit die Modellseite von dem anhaftenden Sand und wäscht diese dann mit einem scharfen Borstenpinsel ab. Nach gründlicher Lufttrocknung wird die Platte sauber ausgeschabt, mit dem Winkel dann auf Abhub kontrolliert, mit feinstem Glaspapier abgeschliffen und mit einem scharfen Trockenpinsel sauber gebürstet. Nun streicht man die Modellseite mit Schellack an und die Platte ist zum Formen fertig.

Hat man größere Modellplatten in Gips auszugießen, so entstehen Schwierigkeiten dadurch, daß der Gips im Innern nicht ordentlich austrocknet. Dies erklärt sich folgendermaßen:

Mischt man Gips mit Wasser, so gehen sie eine Verbindung ein, die Wärme erzeugt. Das Wasser wird zum Verdunsten gebracht, indem es an der Modellseite an den porösen Formsand auf der oberen Seite an die Luft abgegeben wird. Je stärker aber die ausgegossene Gipsschicht ist, um so mehr wird dem im Innern des Gipses frei werdenden Wasser erschwert, zu verdunsten, da ihm die Verbindung mit der Luft durch die oben und unten zuerst erhärteten Schichten abgeschnitten ist. Das Wasser bewirkt jetzt im Innern Fäulnis.

Man hat nun schon versucht, größere poröse Koksstücke in den Gipsbrei hineinzudrücken und Luftkanäle vorzusehen, damit das Wasser verdunsten kann, aber diese Verfahren führen nicht zum Ziel.

Beim Ausgießen größerer Gipsplatten verfährt man daher wie folgt:

Man legt den Gipsrahmen mit passendem Rund- oder Vierkanteisen aus, um dem Gipsklotz größere Haltbarkeit zu geben. Nun rührt man so viel Modellgips an, daß man den Gipsrahmen mit einer ersten Schicht von 40÷50 mm ausgießen kann; über hohe Modellkonturen zieht man den Gips hoch. In diese erste Schicht drückt man Gipsstücke von zerschlagenen Platten ein und läßt den Gips geraume Zeit gründlich abbinden. Dann rührt man etwas Baugips an und gießt ihn auf die erste Schicht in gleicher Stärke auf. Die eingedrückten Gipsstücke gewährleisten eine gute Verbindung. In dieser Weise fährt man fort, bis der Gipsrahmen ausgefüllt ist (Fig. 75). Jede der vier Schichten hat hier die Möglichkeit, das verdampfende Wasser an die Luft abzugeben, und man erhält auf diese Weise brauchbare und gut trockene Gipsplatten.

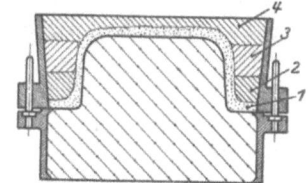

Fig. 75.

Den Nachteil der leichten Beschädigung einfacher Gipsplatten kann man dadurch beheben, daß man bearbeitete Eisen- oder Metallmodelle durch Eingießen in Gips einbettet. Eine so hergestellte Platte gestattet auch die Anwendung des Abstreifkammes.

Will man eine Sonderplatte (vgl. S. 18) herstellen, so muß man das Ursprungmodell so oft vervielfältigen, wie Modelle nötig sind, um die verfügbare

Kastengröße auszunutzen. Ist das Modell beispielsweise so groß, daß es sich in dem vorgesehenen Kasten zweimal unterbringen läßt, so müßte man das Reversierverfahren[1] anwenden oder, wenn das nicht möglich ist (s. S. 25), ein Hilfsmodell anfertigen. Bei der Anwendung des Modellkastens mit Einrichtung zur Längs- und Querteilung (Fig. 76) erspart man die Herstellung des Hilfsmodells. Man bekommt in diesem Falle eine Modellplatte mit doppelt soviel Modellen, wie zur Herstellung der Formplatte vorhanden waren. Der Arbeitsgang ist dabei folgender:

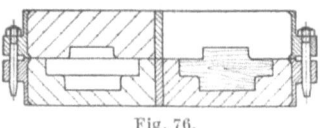

Fig. 76.

Nachdem man Ober- und Unterkasten durch Einschrauben der Wand in zwei gleiche Teile geteilt hat, stellt man die eine Hälfte des vollständigen Formkastens als fertige Form her und wiederholt den Arbeitsgang mit dem jetzt wieder verfügbaren Modell in der zweiten Kastenhälfte. Über der so hergestellten Ober- und Unterform gießt man die Gipsrahmen aus.

D. Montierte Formplatten.

Die älteste Modellplattenart ist die montierte. Sie läßt sich am einfachsten anwenden bei Modellen mit ebener Teilungsfläche und bei ungeteilten Modellen mit gerader Auflagefläche. Die zuletztgenannten Modelle werden mit der geraden Auflagefläche auf die Modellplatte aufgeschraubt, nachdem man durch Auswinkeln der Abhubflächen die Modelle auf Formschräge kontrolliert hat. Bei geteilten Modellen werden die Modellhälften auf der Ober- und Unterplatte passend zu einander verschraubt.

Unter gewissen Voraussetzungen lassen auch Modelle mit unebener Teilungsfläche die Anwendung der montierten Platte zu.

Modelle, die ober- und unterhalb der Teilungsebene symmetrisch sind, erfordern nur eine Modellplatte. Die Modellhälfte wird genau auf den Mittelriß der Platte aufgelegt; zwei abgestampfte Kastenhälften ergeben zusammengesetzt die vollständige Gußform.

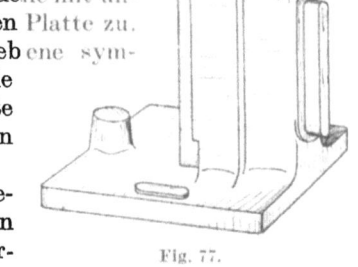

Fig. 77.

Auch bei der montierten Formplatte ist das Reversierverfahren anwendbar. Es wird im nächsten Abschnitt „Modellplatten nach dem Reversierverfahren" beschrieben werden.

Der Hauptvorzug der montierten Platte ist das leicht und schnell zu bewirkende Auswechseln fertiger Modelle. Sie ist die geeignetste Modellplattenart zur Anwendung der Mischplatte. Läßt die Art des Modells die Anwendung der montierten Platte zu, so ist sie allen anderen vorzuziehen.

Beim Montieren von Modellen auf Formplatten sind die im folgenden beschriebenen Verfahren gebräuchlich:

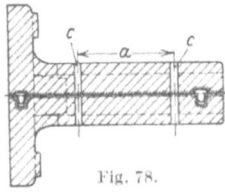

Fig. 78.

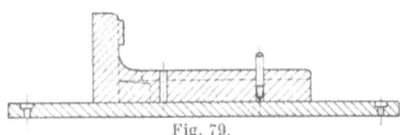

Fig. 79.

Ein Anwendungsbeispiel für das Verbohren von Ober- und Unterplatte mit dem Modell ist an dem Spannbock Fig. 77 gezeigt. Die beiden Modellhälften werden passend zusammengelegt und die Löcher c, c für die Paßstifte (Fig. 78) werden gebohrt. Dann wird eine

---

[1] Die Bezeichnungen Umkehr- oder Umschlag-Verfahren (-Form, -Platte usw.) statt Reversierverfahren usw. haben sich noch nicht einbürgern können.

Modellhälfte auf die Modellplatte gelegt, und die Paßstiftbohrungen werden auf die Modellplatte übertragen (Fig. 79 und 80). Beide Platten werden nun von dem Zentrierrahmen (Fig. 81) aufgenommen und die Bohrlöcher der ersten Platte auf die zweite übertragen (Fig. 82). Der Zentrierrahmen kann auch durch zwei lose, genau passende Stifte ersetzt werden, jedoch bietet der Rahmen mehr Gewähr für Genauigkeit. Die Rückseiten der beiden Modellplatten liegen bei dieser Arbeitsstufe gegeneinander. Die Paßstiftbohrungen brauchen nicht unbedingt auf der Mittel-

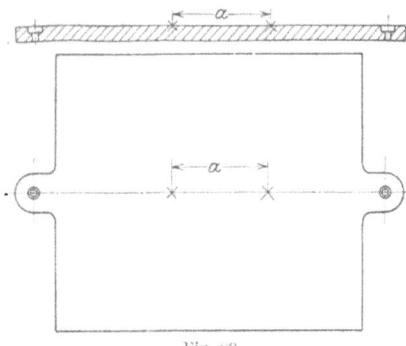

Fig. 80.

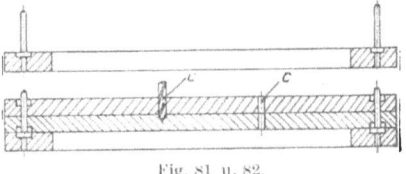

Fig. 81 u. 82.

linie der Modellplatte zu liegen, vielmehr kann das Modell (durch Anwendung von Ober- und Unterplatte) jede beliebige Lage innerhalb der Formfläche einnehmen. Fig. 83 zeigt die fertigen Platten mit den aufgeschraubten Modellen.

Dieses Verfahren ist insofern unwirtschaftlich, als man immer wieder neue Löcher in die Modellplatte bohren muß. Beim Arbeiten mit dem Stangenzirkel kann man dagegen die in der Platte bereits vorhandenen Löcher anstandslos weiter benutzen. Man findet daher in der Praxis mehr das in Fig. 84 dargestellte Arbeitsverfahren zum Aufmontieren.

In dem Beispiel sind zwei Ventilgehäuse auf Ober- und Unterplatte zu montieren. Zuerst sind die Modelle an drei oder vier Stellen mit einem Riß zu versehen, der über beide Modellhälften gehen und rechtwinklig zur Modellteilungslinie liegen muß. Bei beiden Modellplatten bestimmt man nun die Linie a—b (Fig. 84). Aus den Zentrierlochmitten 1 und 2 schlägt man mit dem Stan-

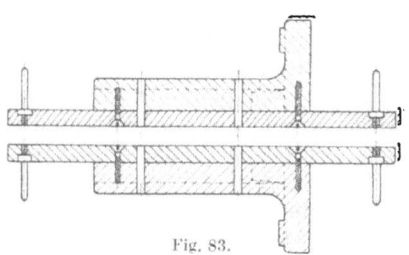

Fig. 83.

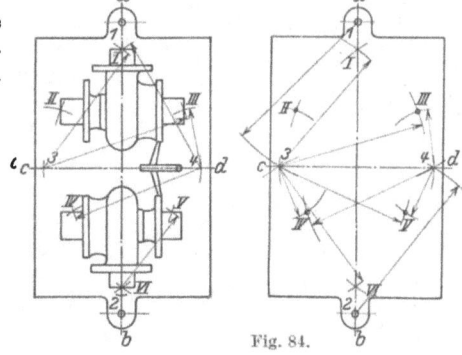

Fig. 84.

genzirkel zwei nahe an den Seitenkanten sich schneidende Kreisbögen und körnt die Schnittpunkte 3 und 4 scharf aus; ihre Verbindung ergibt die Linie c—d. Alsdann sind zwei Modellhälften unter Berücksichtigung des Eingußkanals, der Kernentlüftung usw. auf eine Platte zu legen und mit einer Nadel scharf anzureißen. Dabei legt man wie den Modellumriß auch die eingangs am Modell gemachten Risse genau auf der Platte fest.

Die sich dadurch ergebenden Schnittpunkte I÷IV werden, indem man einmal von den Zentrierlochmitten und einmal von den Schnittpunkten 3 und 4 ausgeht, mit dem Stangenzirkel auf die andere Platte übertragen. Die Risse an den Modellhälften müssen sich nun mit den zu ihnen gehörigen Schnittpunkten auf der Modellplatte decken. In dieser paßrechten Lage werden die Modelle mit der Platte verschraubt.

Zum Formen des Handrades (Fig. 85) benötigt

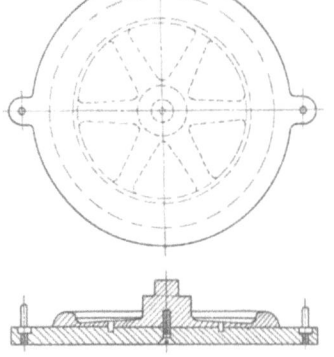

Fig. 85.

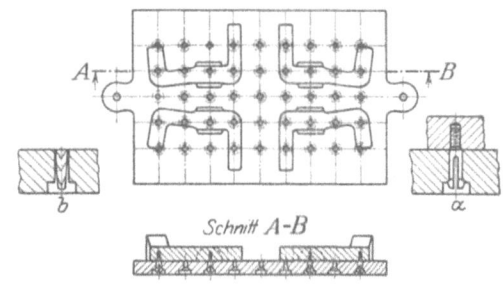

Fig. 86.

man nur ein halbes Modell und formt nach einer Modellplatte, die mit einem genauen Mittelloch zu versehen ist. Das halbe Handradmodell ist gleichfalls beim Drehen in der Mitte gebohrt. Beide Mittellöcher werden passend zu einander verdübelt und das Modell starr mit der Modellplatte verbunden. Man legt das Handrad dabei so auf die Platte, daß ein Arm genau auf den Mittenriß zu liegen kommt, und sichert die gegebene Lage durch Paßstifte.

Die universale Modellplatte (Fig. 86) stellt eine Neuerung in bezug auf montierte Platten dar (gesetzlich geschützt). Sie vereinfacht das Montieren der Modelle auf Formplatten wesentlich, kommt aber nur für Modelle mit glatter Auflagefläche und für geradlinig geteilte Modelle in Frage.

Die Einrichtung besteht im wesentlichen aus zwei schachbrettartigen Modellplatten, einer zu ihnen passenden Lochschablone und einer Reihe von Modelldübeln. Die Löcher der Platte und der Blechschablone werden nach einer Vorrichtung gemeinsam gebohrt und die Löcher mit gleichen fortlaufenden Nummern versehen. Die Löcher der Modellplatte werden den Modelldübeln entsprechend rückseitig gefräst. Die Steckdübel haben zum Einschrauben in das Modellteil an einem Ende Gewinde und sind an dem anderen Ende in der Längsrichtung geschlitzt, damit sie beim Hineindrücken in die Platte federn und im unteren gefrästen Lochteil festsitzen (s. Teilskizze a).

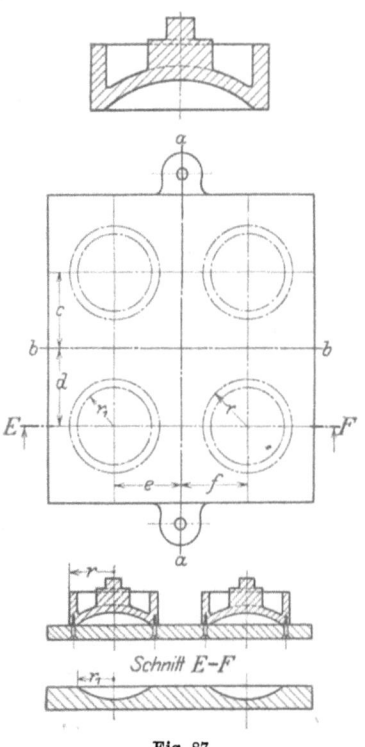

Fig. 87.

Das Arbeiten mit dieser Einrichtung ist sehr einfach: Die Modelle werden formgerecht auf die Lochschablone verteilt und je nach Größe des Modells werden zwei bis vier Löcher vorgerissen. Die Löcher erhalten Gewinde, passend zu den

Dübeln, und Zahlen, passend zu der Schablone. Nachdem die Dübel angeschraubt sind, werden die Modellhälften auf die Platten gesteckt bzw. eingedrückt, wobei sich die Zahlen im Modell und auf der Platte jeweils decken müssen. Die frei bleibenden Löcher werden am besten mit Holz ausgefüllt (Teilskizze b Fig. 86); ebenso müssen die Eingußkanäle sinngemäß angeordnet und befestigt werden.

Fig. 87 zeigt die Anwendung einer montierten Platte bei einer Scheibe (Fig. 87 oben). Da die Scheibe eine hohle Stirnfläche hat, ist die Gegenplatte schwieriger herzustellen.

Auf der Modellplatte ist der genaue Mittelriß a—a zu ziehen. Der zweite Riß b—b liegt in der Mitte zwischen beiden Zentrierlöchern und rechtwinklig zum ersten. Die Platte ist hierdurch in vier gleiche Felder geteilt, in die je ein Modell zu liegen kommt. Die richtige Lage der Modelle bestimmen die vier Parallellinien, die man in den Abständen e und f zur Linie a—a und c und d zur Linie b—b zieht. Die vier Schnittpunkte der Parallellinien werden durchbohrt; sie sind die Mittelpunkte der Modelle und dienen auch dazu, die Befestigungslöcher der Modelle auf die Platte zu übertragen. Das geschieht mit einer Schablone aus 2 mm Blech, die einen Durchmesser gleich dem der Modelle hat, genau in der Mitte ein Paßloch und weiter außen 3 bis 4 Löcher für die Befestigungsschrauben. Die Schablone wird mit Paßstift im Mittelloch auf die Löcher der Modellplatte gelegt; die Schraubenlöcher werden angerissen und gebohrt. Die Modelle erhalten auf die gleiche Art die Verschraubungslöcher und werden dann auf die Platte aufmontiert. Die entgegengesetzte Platte wird nach dem gleichen Grundsatz aufgerissen, oder es werden, von der ersten Platte ausgehend, durch Bohren die Modellmitten übertragen und von den so bestimmten Mittelpunkten die Kreise vom Durchmesser der vertieften Modellkontur geschlagen. Nach einer Tiefenschablone dreht oder fräst man dann die Modellkontur auf der Platte ein.

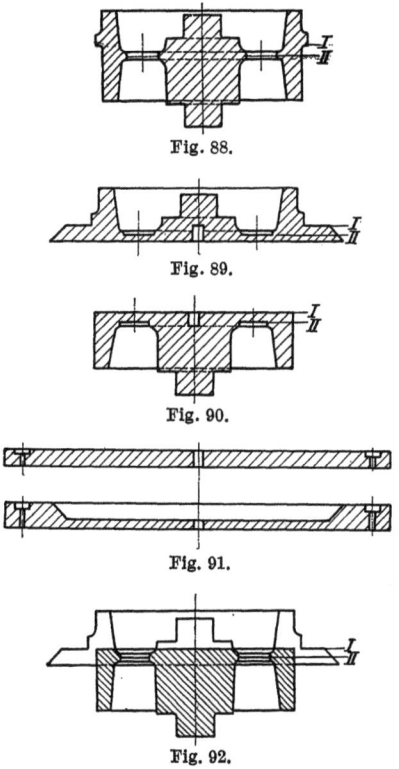

Fig. 88.

Fig. 89.

Fig. 90.

Fig. 91.

Fig. 92.

Die Reibungscheibe (Fig. 88) kann man als montierte Platte herstellen, obwohl sich durch die Konstruktion der Scheibe zwei Formteilflächen ergeben. Die Formteilebene des Außenbundes liegt bei I, die des Bodens bei II. Zwei Modellhälften, mit den dazugehörigen Modellplatten verschraubt, ergeben die vollständige Formplatteneinrichtung.

Man schabloniert die Modellhälften in Gips, wobei man die später beim Formen des Bundes sich ergebende Sandkontur einmal als positiv gleich mit der einen Modellhälfte dreht (Fig. 89) und zweitens als negativ aus der entgegengesetzten Modellplatte herausdreht (Fig. 91). Bei der zweiten Modellhälfte ist der Boden um die Tiefe der äußeren Sandkontur stärker zu halten (Fig. 90). Der Zweck des stärkeren Bodens wird klar, wenn man die Modellhälften so weit zusammenschiebt, daß sich die Teilungslinien I und II decken (Fig. 92, vgl. auch Fig. 95).

Der Arbeitsgang zur Herstellung der Modellplatteneinrichtung ist wie folgt:
Die beiden nach Fig. 89 und 90 in Gips schablonierten Modellhälften werden in Eisen abgegossen und auf genaues Maß gedreht. Die Aussparungslöcher im Scheibenboden werden bei der einen Modellhälfte genau aufgerissen und mit einem Messerbohrer bis zur halben Tiefe gebohrt. Beide Modellhälften sind mit einem genauen Mittelloch zu versehen, was der Genauigkeit wegen gleich beim Drehen geschieht. Dann werden beide Hälften passend zusammengelegt und verdübelt, die Aussparungslöcher durch Bohren auf die andere Modellhälfte übertragen und ebenfalls bis zur halben Tiefe mit dem Messer aufgebohrt. Für die Modellhälfte Fig. 90 nimmt man die Modellplatte Fig. 91 unten, und bohrt noch vom Mittelloch ausgehend die Zentrierlöcher nach Lehre ein. Für die Modellhälfte Fig. 89 nimmt man die normale Platte Fig. 91 oben und benutzt die erste Platte als Bohrlehre, um das Mittelloch auf die zweite Platte zu übertragen. Die Modellhälften werden nun mit den zu ihnen gehörigen Modellplatten verschraubt (Fig. 93 und 94). Gegen seitliche Drehung (Versetzen der Aussparungslöcher) werden

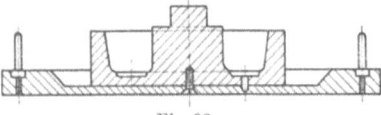
Fig. 93.

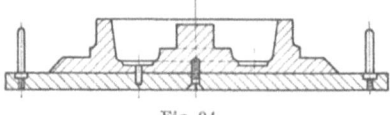
Fig. 94.

die Modelle zum Schluß noch durch einen kleinen Paßstift starr mit der Platte verbunden. Man benutzt dazu zweckmäßig eines der Löcher, das sich beim Aufbohren der sechs Aussparungslöcher ergeben hat. Fig. 95 zeigt die gießfertige Form.

Der Zentrierrahmen nach Fig. 96 dient zur Aufnahme von montierten Platten. Der Vorteil dieser Modellplatteneinrichtung ist die klare Handhabung im Betriebe und gute Übersicht im Modellplattenlager.
Der Rahmen besitzt zwei Lappen mit den Zentrierlöchern b für den Formkasten und innen zwei Lappen mit den Zentrierlöchern a für die Modellplatte. Die inneren Ecken des Rahmens sind verstärkt und haben die Löcher c zum Aufschrau-

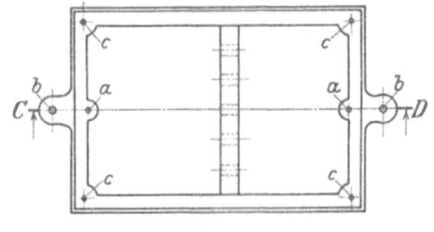

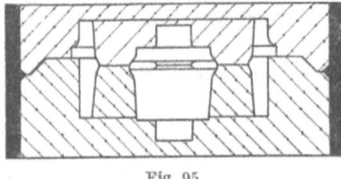
Fig. 95.

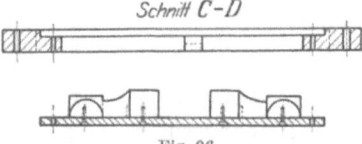
Fig. 96.

ben der Platte. Der rechteckige Falz des Rahmens ist genau bearbeitet und entspricht in allen seinen Abmessungen denen der aufzunehmenden Modellplatte.

In jede Modellplatte werden mit einer genauen Bohrschablone die beiden Zentrierlöcher a und die vier Anschraublöcher c gebohrt, sodaß die Platten untereinander im Rahmen ausgewechselt werden können. Die Modelle werden passend auf der Platte montiert, indem man von der Mittellinie zwischen den kleinen Zentrierlöchern a ausgeht.

Die beschriebenen Arbeitsverfahren sind peinlich genau auszuführen, dann bieten sie, in Verbindung mit gutem Werkzeug und Ordnung im Betriebe, beste Gewähr für Erfolg.

E. Reversier-Modellplatten.

Der Vorteil des Reversierverfahrens besteht darin, daß man nur eine einzige einseitige Modellplatte zum Formen gebraucht. Diese Platte muß also das Ober- und Unterteil der Form nebeneinanderliegend enthalten. Beim zweimaligen Abformen einer solchen Platte erhält man zwei Formkästen, von denen jeder ein durch die „Reversierlinie" getrenntes Ober- und Unterteil enthält. Um die beiden Kästen beim Zusammensetzen wieder richtig zur Deckung zu bringen, muß man den einen um 180° drehen, und zwar um eine Achse, die parallel zur Reversierlinie liegt.

In zwei zur vollständigen Form zusammengesetzten Kästen erhält man stets eine doppelt so große Anzahl von Abgüssen, als Modelle zur Herstellung der Platte notwendig waren. Bei geeigneten Modellen gewährleistet das Reversierverfahren ferner eine wirtschaftliche und gründliche Ausnutzung der Formfläche.

Am besten läßt sich das Reversierverfahren bei kleineren Modellen anwenden, obwohl es auch für größere brauchbar ist.

Die Form des Modells ist ausschlaggebend; am besten eignen sich Modelle, die von der Teilungslinie aus nach oben und unten nicht allzu unterschiedlich in der Höhe sind. Auch können sich durch besondere Umstände, wie Anordnung eines oder mehrerer Kernlager in einem Modellteil, Anlegen von Kokillen auf bestimmte Flächen eines Modellteils oder aus sonstigen formtechnischen Gründen, manche Modelle für diese Formplattenart weniger eignen.

In den folgenden Beispielen ist das Verfahren an montierten und gegossenen Formplatten gezeigt.

Das erste Beispiel zeigt an einem Lagerstuhl die Herstellung einer gegossenen Reversierformplatte mit Hilfe des Reversierformkastens, der größer als die herzustellende Modellplatte ist. Hierdurch soll zugleich veranschaulicht werden, wie mit Hilfe der Lochlehre nach einem größeren Reversierkasten eine kleinere Formplatte angefertigt wird (s. auch Werkzeug zur Plattenherstellung, Fig. 71, 72 und 74).

Man beginnt, indem man die Formflächenhälfte auf einer gehobelten Holzplatte vorreißt; man wählt die Größe der Fläche so, daß der Abstand zwischen den einzelnen Modellen des Lagerstuhles Fig. 97 nur einige Millimeter beträgt. Aus der Modellreihe nimmt man das zweite und vierte Modell wieder heraus, während das erste und dritte unberührt liegenbleiben muß. Um die Lage des ersten und dritten Modells beim Aufstampfen des Formkastens zu sichern, befestigt man beide Modelle

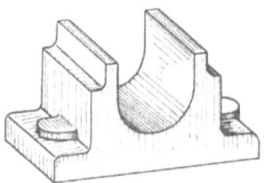 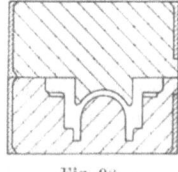

Fig. 97.　　　Fig. 98.

auf dem Bodenbrett. Es genügt, wenn man acht Nägel bis zur halben Länge eng um das Modell ins Brett schlägt. Der halbe Reversierformkasten wird nun passend zur angerissenen Fläche auf die Holzplatte gesetzt und, um diese Lage zu sichern, mit der Holzplatte verklammert. Diese Genauigkeit bei der Vorarbeit ist nötig, da bei Ungenauigkeit die gewählte stark beschränkte Formfläche nicht ausreichen würde. Der halbe Reversierformkasten wird über dem ersten und dritten Modell aufgestampft und dann gewendet. In die freien Lücken zwischen den eingestampften Modellen setzt man nun die beiden anderen Modelle, wobei man die Kernstücke für die Aussparung gleich mit aufsetzt, und stampft darüber die zweite Reversierkastenhälfte auf (Fig. 98). Die fertig aufgestampften Reversierformkastenteile in der Arbeitslage nebeneinander zeigt Fig. 99. Hierbei liegen die Zentrierlöcher beider Formkästen genau auf dem Mittelriß der Formfläche (d. h. auf der sog. Reversierlinie). Dadurch, daß zwei Modelle im Unter- und zwei Modelle im Oberkasten aufgestampft sind, befinden sich in jeder Formflächenhälfte je zwei untere und zwei obere Modellpartien, die sich passend gegenüberliegen. Die besonderen Zentrierlappen (unter „Werkzeug zur Plattenherstellung" beschrieben, Fig. 71 und 72) gewährleisten ein genaues Zusammenpassen der beiden jetzt nebeneinander gelegten Reversierkastenhälften. In die Modelle werden Häkchen eingeschraubt, der kleinere Gipsrahmen wird mit Lochschablone passend auf die Formfläche gesetzt und mit Gips ausgegossen (Fig. 100). Die gießfertig

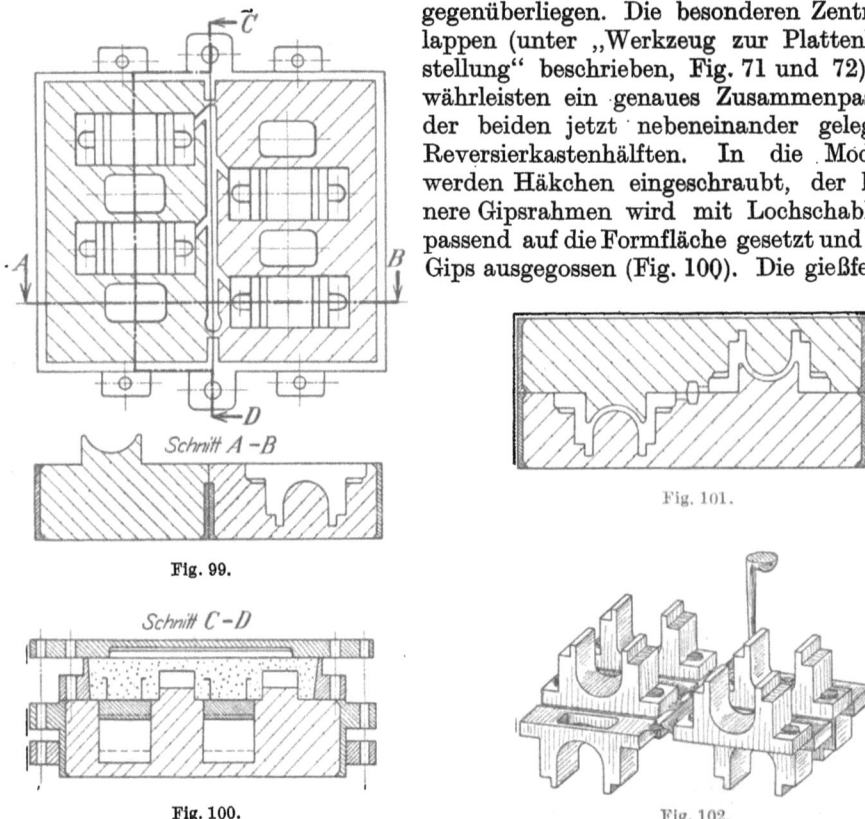

zusammengesetzte Reversierform zeigt Fig. 101, und Fig. 102 den Abguß der acht Lagerstühle, der die Vorteile bei dem angewandten Verfahren in bezug auf Raumausnutzung deutlich erkennen läßt. Durch die wechselseitige Anordnung der Modelle im Ober- und Unterkasten ist es möglich, auf der räumlich eng begrenzten Formfläche acht Abgüsse zu erzielen, ohne dabei befürchten zu müssen, daß durch die enge Zusammenlegung der Modelle die Formpartien dem Druck des einströmenden Eisens nachgeben. Bei normalem Formverfahren wäre es schon bei sechs Modellen leicht möglich, daß Ausschuß durch Zusammenschlagen entstehen könnte. Zur Anfertigung der Modellplatte sind nur vier Modelle und zur Herstellung einer vollständigen Gußform für acht Abgüsse nur eine Modellplatte nötig.

Liegt die Umschlag- oder Reversierlinie auf der Zentriermittenlinie, so braucht von den zwei abgestampften Formen beim Zusammensetzen zu einer vollständigen Gußform nur eine senkrecht um 180° gewendet zu werden. Die Form wird also genau wie jede andere zusammengesetzt. Liegt aber die Reversierlinie quer zur Zentrierlinie wie beim nächsten Beispiel, so müssen zwei Drehungen, eine senkrechte und eine wagerechte von je 180°, ausgeführt werden.

Reversier-Modellplatten.

Das zweite Beispiel zeigt die Herstellung einer Reversierformplatte für einen Kreuzschlitten mit Hilfe des Zirkels. Das Modell ist gemäß der Teilungslinie (Fig. 103) in zwei Hälften zerlegt. Während sich beim ersten Beispiel die Reversierlinie durch den entsprechend gearbeiteten Kasten von selbst ergab, muß sie hier erst auf der Platte festgelegt werden. Man teilt also die Platte durch die Linie a—b (Reversierlinie) in zwei Hälften (Fig. 104) und bringt in gleichen Abständen von dieser Linie die beiden Modell-

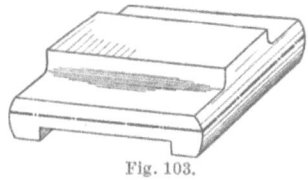

Fig. 103.

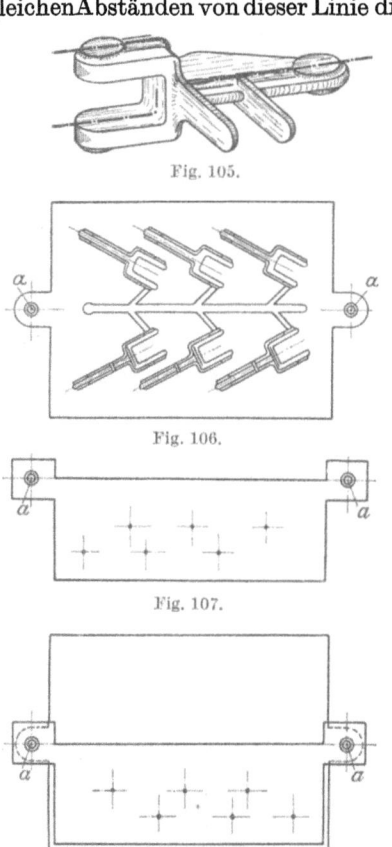

Fig. 105.

Fig. 106.

Fig. 107.

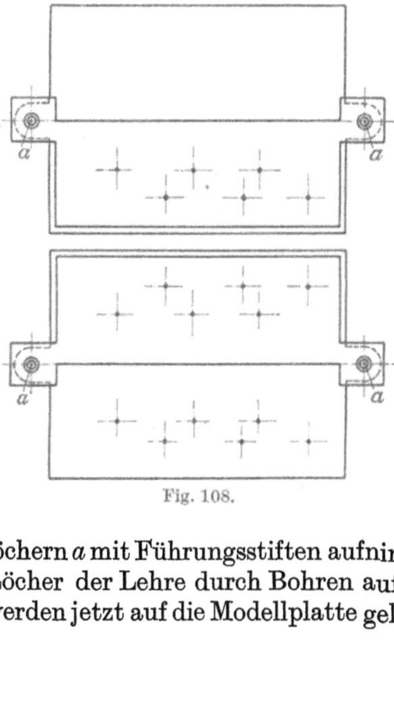

Fig. 108.

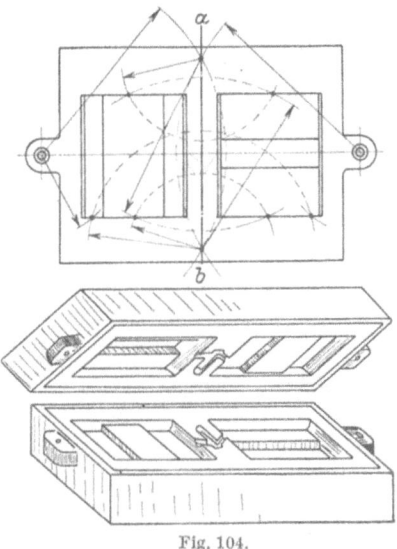

Fig. 104.

hälften auf. Der Arbeitsvorgang hierzu ist auf S. 21 bei Herstellung einer montierten Platte für Ventilgehäuse beschrieben (s. Fig. 84).

Das dritte Beispiel zeigt die Herstellung einer montierten Reversierformplatte mit Hilfe einer Übertragungsplatte. Das Modell des Doppelschwengeleisens (Fig. 105) ist in der angedeuteten Weise geteilt. Die fertige Reversierformplatte zeigt Fig. 106.

Die Übertragungsplatte ist ein 3÷5 mm starkes Blech, auf das durch Bohren die Zentrierlöcher a der Modellplatte übertragen werden. Die zusammengesetzten geteilten Modelle werden an zwei Stellen durchbohrt, dann werden drei Modellhälften auf der Übertragungsplatte angeordnet und die Modellöcher durch Bohren übertragen (Fig. 107). Die Übertragungsplatte benutzt man jetzt als Bohrlehre, indem man sie an den Zentrierlöchern a mit Führungsstiften aufnimmt und in den beiden Stellungen bei Fig. 108 die Löcher der Lehre durch Bohren auf die Modellplatte überträgt. Die Modellhälften werden jetzt auf die Modellplatte gelegt, mit Paßstift gesichert und dann verschraubt.

28 Modellplattenherstellung.

Die auf diese Art montierte Reversierplatte gewährleistet eine unbedingt einwandfreie Lage der Modellhälften zueinander. Man erzielt fast nahtlose Abgüsse. Fig. 109 zeigt den fertigen Abguß.

Ein viertes Arbeitsverfahren zur behelfsmäßigen Herstellung einer gegossenen Reversierformplatte ist in den Fig. 111÷114 dargestellt. Hierbei bedient man sich des in Abschnitt „Werkzeug zur Plattenherstellung" Fig. 66 gezeigten Modellkastens mit Einrichtung zur Quer- und Längsteilung. Um bei der gegebenen Form des Modells nach Fig. 110 keine zu hohen Formkästen verwenden zu müssen, unterlegt man den Kasten mit Holzleisten h (Fig. 111), damit die sich später ergebenden Sandballen in der Höhe etwas ausgeglichen werden. Man benötigt drei Kastenteile, in die man quer zu der Linie zwischen den Zentrierlöchern die Wand einschraubt und dadurch die Kästen in zwei gleiche Hälften teilt.

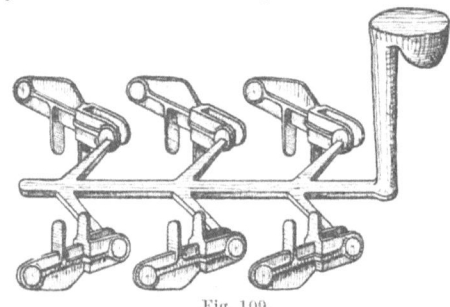

Fig. 109.

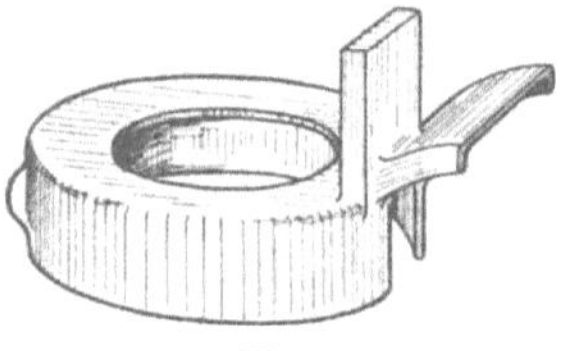

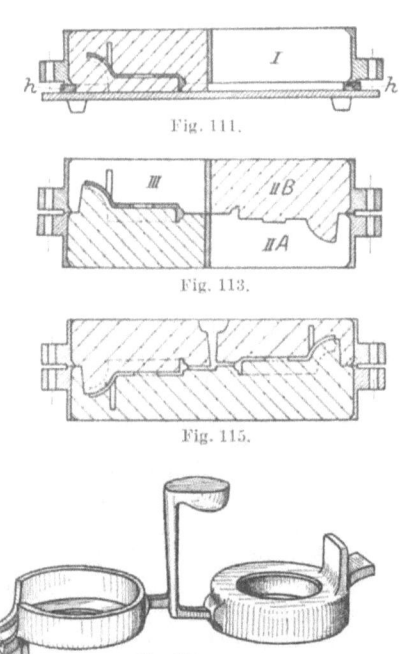

Fig. 110.

Man beginnt, indem man ein Kastenfach des Formkastens I fest aufstampft (Fig. 111). Nachdem der Formkasten I gewendet und die einzelnen Modellkonturen auspoliert sind, werden die beiden Formkästen II A und II B nacheinander von

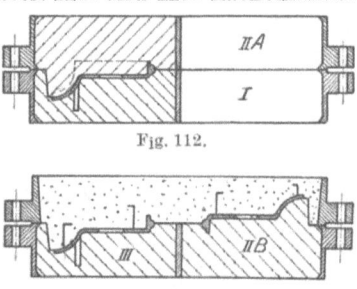

Fig. 111.   Fig. 112.

Fig. 113.   Fig. 114.

Fig. 115.

Fig. 116.

der Form I abgestampft (Fig. 112). Der Formkasten II A wird in senkrechter, der Formkasten II B in wagerechter Ebene um 180° gewendet und beide Kästen, wie Fig. 113 zeigt, zusammengesetzt. Das Modell wird nun aus Formkasten I herausgenommen und passend auf die Sandkontur des Kastens II A gelegt und das leere Kastenfach des Kastens II B darüber aufgestampft. Dadurch entsteht die Reversierform III/II B (Fig. 114). Um die auszugießende Modellplatte dauerhafter zu machen, bringt man ein zweites Hilfsmodell auch auf die rechte Seite II B der Reversierform auf und gießt beide Metallmodelle in Gips fest. Die gießfertig zusammengesetzte Reversierform zeigt Fig. 115 und Fig. 116 den fertigen Abguß.

F. Klischeeformplatten (gesetzlich geschützt).

Hat man des öfteren verschiedene kleinere Modelle in wechselnden Stückzahlen abzugießen, so wendet man die Klischeeformplatte an. Sie besteht aus einem Sammelrahmen, in den die einzelnen Modelle als sog. Klischeeformstreifen beliebig aneinander gereiht und eingespannt sowie in verhältnismäßig kurzer Zeit gegen andere Formstreifen ausgewechselt werden können.

Zur Herstellung der Klischeeformstreifen ist besonderes Werkzeug nötig: ein kleiner Reversierformkasten, ein Zwischenrahmen, ein Deckkasten und einige Begrenzungslineale.

Man beginnt mit der Herstellung eines Klischeeformstreifens, indem man zuerst eine vollständige Reversierform des Modells herstellt (Fig. 117). In der Arbeitslage nebeneinander werden Ober- und Unterform durch die an den Schließflächen befindlichen Zentrierlappen z (Fig. 118) passend zu einander festgelegt. Alsdann wird der Zwischenrahmen r auf die Reversierform gelegt, der an zwei gegenüberliegenden Seiten nach innen treppenartig ausgearbeitet ist (c, c Fig. 118). Die gewünschte Breite des Klischeeformstreifens stellt man durch die Begrenzungslineale a (Fig. 119) her. Sie passen genau auf den Zwischenrahmen und schließen die Form entsprechend der gewünschten Breite des Klischeeformstreifens ab. Auf die Reversierform wird der Deckkasten aufgesetzt, den

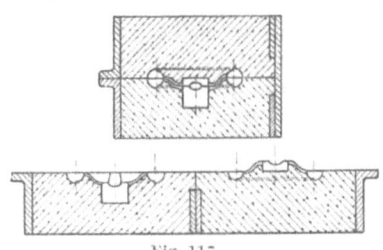

Fig. 117.

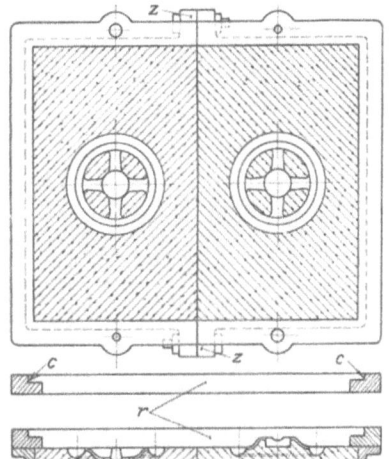

Fig. 118.

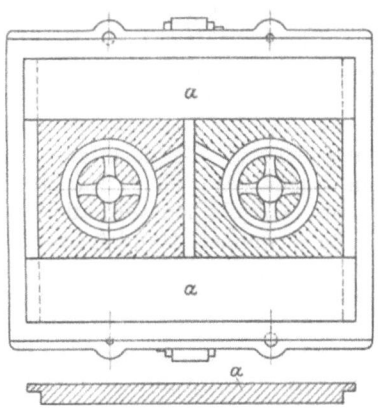

Fig. 119.

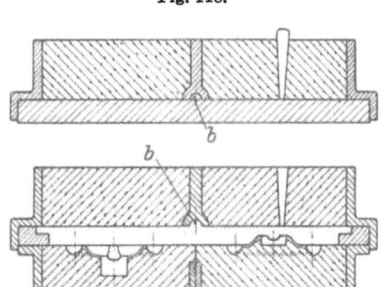

Fig. 120.

man zuvor von einer gehobelten Eisenplatte abstampft, und den man mit dem Eingußtrichter für das später einzugießende Metall versehen hat (Fig. 120). Da die Schließflächen des Zwischenrahmens, des Reversier- und Abdeckformkastens passend zueinander gearbeitet sind, liegen die beiden Kastenmittellinien der Reversier- und Abdeckform genau übereinander. Die eingefräste Nute b in der Längsrippe des

Abdeckformkastens bildet nach dem Abguß den rückseitigen Mittelsteg des Klischeeformstreifens, und die im Zwischenrahmen befindliche eingangs erwähnte treppenartige Ausarbeitung c bildet an den Schmalseiten des Klischeeformstreifens je eine Stufe. Nachdem die Form mit wenig schwindendem Modellmetall[1] ausgegossen, der Einguß entfernt und die Modellseite geglättet ist, kann der Klischeestreifen ohne besondere Nacharbeit in den Einspannrahmen eingereiht werden.

Fig. 121 zeigt die Hauptteile des Einspannrahmens. Der Rahmen ist genau gearbeitet und im wesentlichen gekennzeichnet durch eine Mittelrippe mit eingefräster Nute d, zwei seitlichen Spannleisten e und einer vorderen f. Die eingefräste Nute der Mittelrippe nimmt den rückseitigen Mittelsteg b des Klischeeformstreifens auf, wodurch der richtige Abstand der Modelle von der Kastenmittellinie gesichert wird, wie aus der Schnittzeichnung ersichtlich. Das Einspannen der Klischeeformstreifen in den Rahmen geschieht durch die mit Exzentereinrichtung wirkenden seitlichen Spannleisten e (Fig. 121, Teilskizze rechts). Die vordere Spannleiste f spannt die Klischeestreifen gegeneinander fest. Ausgewechselt werden die Klischeeformstreifen durch Anheben der seitlichen Spannleisten und Lockern der vorderen.

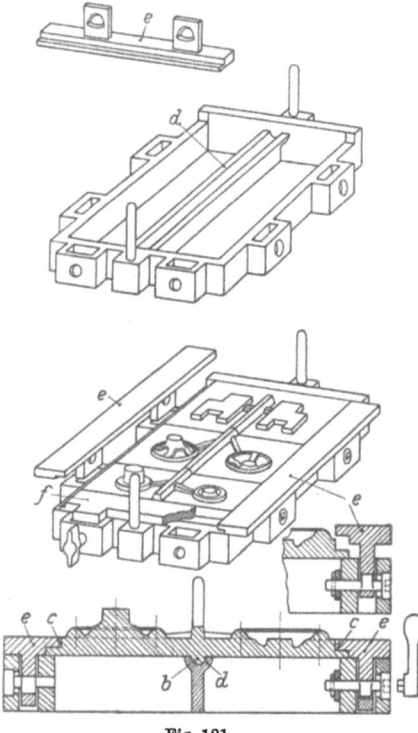

Fig. 121.

G. Doppelseitige Modellplatten.

Die doppelseitige Modellplatte kann als montierte oder als gegossene Modellplatte angefertigt werden; sie unterscheidet sich von allen anderen dadurch, daß sie auf beiden Seiten formgebend ist. Die doppelseitige Modellplatte wird bei kleineren Modellen und demzufolge kleineren Formkastenabmessungen als Handformplatte benutzt. Der leichteren Handlichkeit wegen wird sie in Leichtmetall gegossen. Gewöhnlich wird die Handformplatte auf einer kastenlosen Preßformmaschine verwendet. Handelt es sich dagegen um größere, höher profilierte Modelle, wofür als typisches Beispiel ein hohes Lagerschild genannt sei, so bringt man die doppelseitige in Eisen gegossene Modellplatte auf eine Wendeplattenformmaschine.

Die Ausführung einer doppelseitig montierten Platte ist sehr einfach. Nachdem die Modellhälften bei richtiger Lage zueinander gemeinsam durchbohrt sind, legt man eine Modellhälfte auf die Platte und überträgt die Paßstiftbohrungen auf die Platte. Von den Paßstiftbohrungen ausgehend, werden auf beiden Seiten der Platte die Modelle aufgeschraubt.

Die Herstellung einer doppelseitigen gegossenen Modellplatte für ein Lagerschild ist an zwei verschiedenen Verfahren gezeigt.

---

[1] Für diesen Zweck verwendet man eine Weißmetallegierung folgender Zusammensetzung: 80% Blei, 15% Antimon, 5% Zink.

Doppelseitige Modellplatten.

Bei dem ersten Arbeitsbeispiel (Fig. 122) ist ein Modell nicht nötig, sondern hier schabloniert man ein besonderes Modell in Gips, das gleich um die Wandstärke der Wendeplatte stärker gehalten wird (vgl. Fig. 127); außerdem ist die bei Fig. 125 ersichtliche Bearbeitungszugabe zu berücksichtigen.

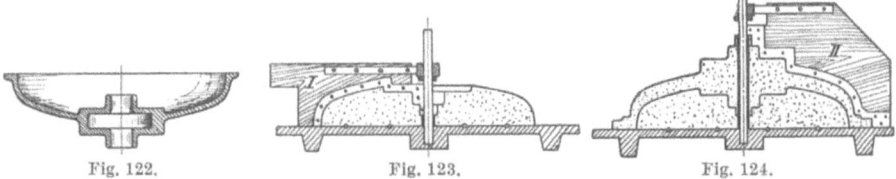

Fig. 122. Fig. 123. Fig. 124.

Man beginnt, wie bereits auf S. 5 beschrieben, zuerst mit dem Schablonieren der Grundform (Fig. 123).

Das Gipsmodell für die doppelseitige Modellplatte wird dann mittels der Schablone II auf die Grundkontur aufgedreht (Fig. 124). Das gegossene Modell

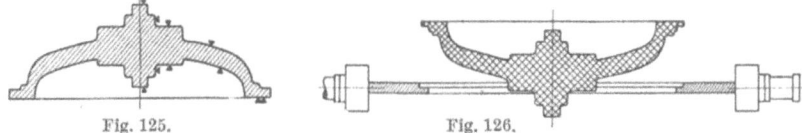

Fig. 125. Fig. 126.

wird allseitig auf Maß gedreht (Fig. 125) und in die abgesetzte Wendeplatte eingelassen (Fig. 126).

Fig. 127 zeigt die beiden Formkastenhälften einmal (oben) auf der Wendeplatte und einmal (unten) zur vollständigen, gießfertigen Form zusammengesetzt.

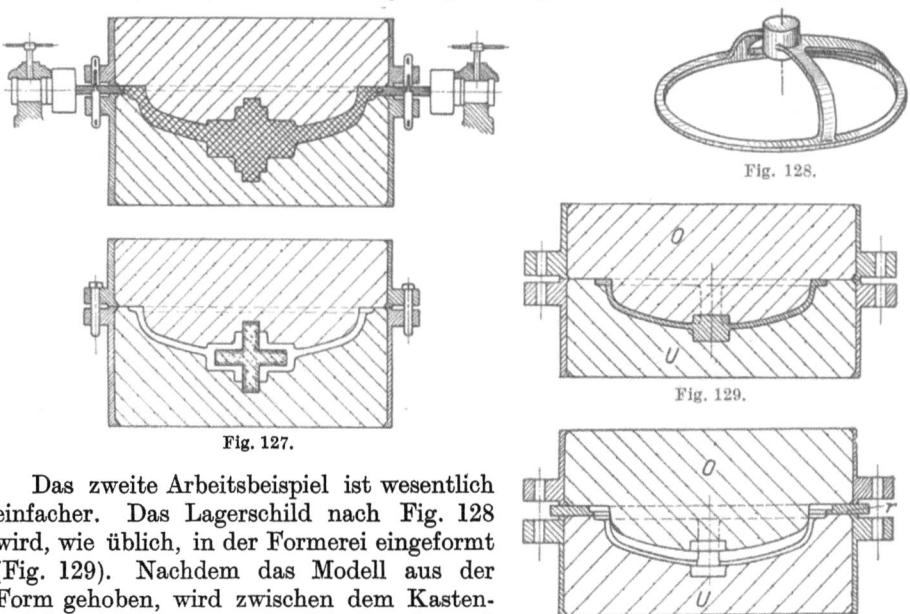

Fig. 127. Fig. 128. Fig. 129. Fig. 130.

Das zweite Arbeitsbeispiel ist wesentlich einfacher. Das Lagerschild nach Fig. 128 wird, wie üblich, in der Formerei eingeformt (Fig. 129). Nachdem das Modell aus der Form gehoben, wird zwischen dem Kastenteil O und U ein genau der Wandstärke und der runden Aussparung der Wendeplatte entsprechend bearbeiteter Rahmen r (Fig. 130) gelegt. Der dadurch entstandene Hohlraum zwischen Kastenteil O und U wird mit Eisen ausgegossen. Man erhält so das um die Wendeplattendicke verstärkte Modell (Fig. 131), das genau wie beim ersten Beispiel mit einer Wendeplatte in Verbindung gebracht wird.

Fig. 133÷138 zeigen die Ausführung einer doppelseitigen Modellplatte aus Leichtmetall für mehrere kleinere Modelle; als Werkstück ist ein Spannhebel gewählt. Die Schwierigkeit liegt darin, daß die acht Modelle auch tatsächlich formgerecht zur Formteilebene liegen müssen. Man muß also die formgerechte Lage der Modelle beim Aufstampfen von vornherein sichern. Die beiden kleinen Naben n (Fig. 132) des Spannhebels bieten bei weitem nicht genügend

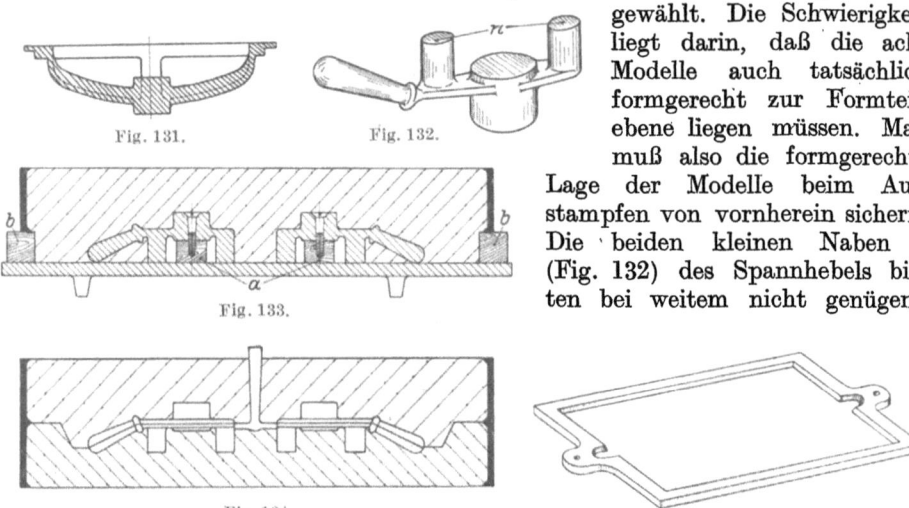

Fig. 131. Fig. 132.

Fig. 133.

Fig. 134. Fig. 135.

sichere Auflagefläche beim Aufstampfen. Zweckmäßig verfährt man daher wie folgt:

Man legt die auf der Dickenhobelmaschine hergestellten Unterlagbrettchen a (Fig. 133) für die Modelle und b für den Formkasten auf eine Richtplatte. Die Modelle verschraubt man durch die mittlere starke Nabe mit den Unterlagbrettchen a, prüft die formgerechte Lage jedes Modells durch Abwinkeln auf formgerechten Abhub und verbessert, falls nötig, die Stellung. Dann stampft man eine vollständige Form auf, wobei der Eingußtrichter für die abzugießende Modellplatte vorzusehen ist (Fig. 134). Nachdem man die erste Sandlage über die Modelle gestampft hat, wird der Sand bis auf die Schraubenköpfe aufgegraben und die Schrauben werden dann entfernt. Nach dem Trennen der Kastenteile werden die Eingüsse angeschnitten und die Modelle herausgehoben. Der Zwischen-

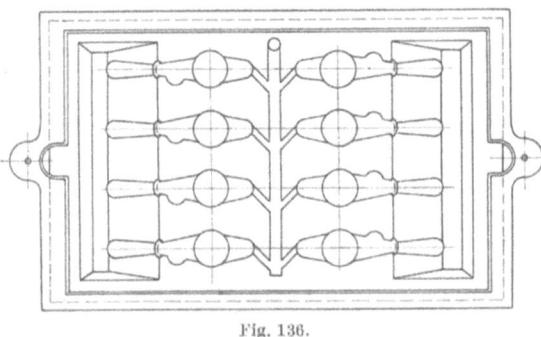

Fig. 136.

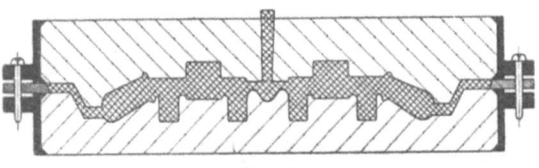

Fig. 137.

rahmen (Fig. 135) wird auf die Unterform gelegt (Fig. 136). Die Form wird zusammengesetzt und mit Leichtmetall ausgegossen (Fig. 137). Die gegossene Modellplatte (Fig. 138) wird nachgearbeitet und mit Zentrierlöchern versehen. Zu diesem Zweck legt man die Modellplatte wieder in den Zwischenrahmen und überträgt mit der Lochschablone die Zentrierlöcher durch Bohren auf die Modellplatte.

Fig. 139 zeigt einen Abschlagformkasten und Fig. 140 die Modellplatte in Vorpreßstellung auf der kastenlosen Formmaschine (*a* oberer Preßholm, *b* Füllrahmen, *c* Oberkasten, *d* Unterkasten, *e* Modellplatte, *f* Füllrost, *g* Preßkolben).

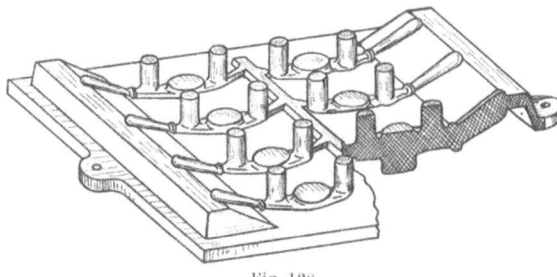

Fig. 138.

Die Trennung des Modells vom Sand geht auf der Maschine meistens so vor sich, daß beim Abwärtssinken des Preßkolbens (nach erfolgter Pressung) zuerst das Oberteil *c* an Klinken hängen bleibt, während die Modellplatte weiter sinkt, bis sie auf Stellringen stehenbleibt, und endlich das Unterteil *d* durch noch weiteres Abwärtssinken von der Modellplatte getrennt wird.

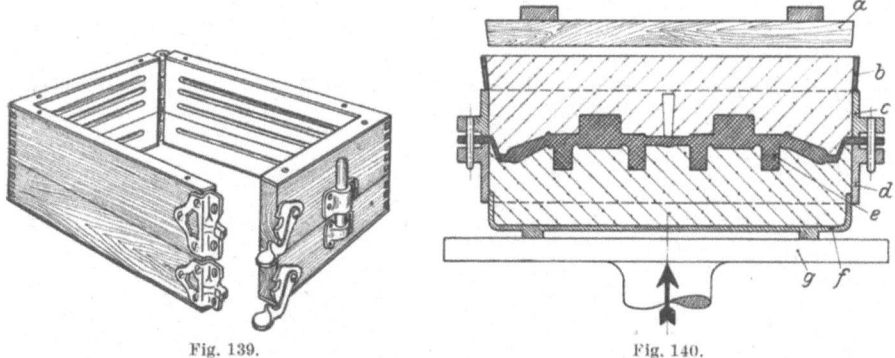

Fig. 139. Fig. 140.

Die Modellplatte wird dann ausgeschwenkt oder auch von Hand abgenommen, Formkasten *c* und *d* werden zusammengesetzt, der Abschlagkasten wird entfernt, und man erhält die kastenlose gießfertige Form.

H. Modellplatte nach dem Schabeverfahren.

Wünscht man eine dauerhafte Modellplatte herzustellen, so wendet man das Schabeverfahren an. Hierbei entsteht eine Gipsplatte, deren Modellkonturen aus einer gegossenen Metallschicht bestehen.

Das Verfahren wird im Interesse einer klaren Darstellung an einem einfachen Modell beschrieben, das von der Teilungsebene aus nach oben und unten gleich gestaltet ist, sodaß man zur Herstellung des Ober- und Unterkastens nur eine einseitige Modellplatte gebraucht (Fig. 141, vgl. auch montierte Platten Fig. 85).

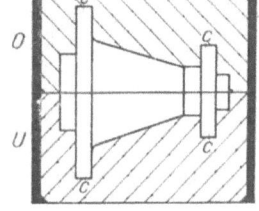

Fig. 141.

Man beginnt, indem man zuerst über dem genau auf den Mittelriß gelegten Modell, dessen Lage durch Dübel gesichert ist, eine vollständige Form aufstampft und aus beiden Kastenhälften die Modelle heraushebt. Von diesen beiden an sich gleichen Kastenhälften setzt man den Oberkasten *O* vorläufig beiseite; er wird beim späteren Gießen der Metallschicht gebraucht. Von dem Unterkasten *U* stampft man die Gegen-

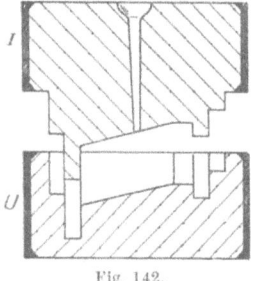

Fig. 142.

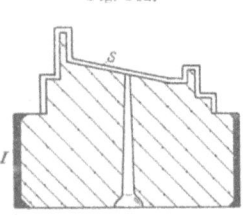

kontur I (Fig. 142) ab, wobei man den Einguß für das später einzugießende Metall vorsieht. Die so erhaltene Gegenkontur wird nun in einer Stärke von etwa 5÷10 mm beschabt (in Fig. 143 oben mit s bezeichnet). Die Stärke der Beschabung spielt eine untergeordnete Rolle und beeinflußt nur den Metallverbrauch. Nach der Entfernung dieser Schicht wird die Oberfläche durch Einstechen mit einem kleinen Rundholz mit Vertiefungen b (Fig. 143 unten) versehen. Nunmehr kann die so behandelte Gegenkontur I auf den zuerst zurückgestellten Oberkasten O aufgesetzt und Metall eingegossen werden, das die abgeschabte Schicht ausfüllt (Fig. 144). Jetzt wird der Sand aus dem die Gegenkontur enthaltenden Kasten I ausgegraben und der Kasten vorsichtig entfernt, damit die Metallschicht ihre Lage unverändert beibehält (Fig. 145). Die mit den hervorstehenden Ansätzen b versehene Oberfläche der Metallschicht wird nun sorgfältig von allem anhaftenden Sand befreit. Dann setzt man den Gipsrahmen auf und gießt ihn aus (Fig. 146), wobei sich die Metallschicht durch die rückseitigen Ansätze b fest mit dem Gips verbindet. Man erhält also die mit einer Metallschicht versehene Gipsplatte (Fig. 147), von der der überstehende

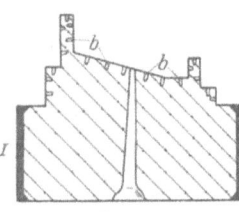

Fig. 143.

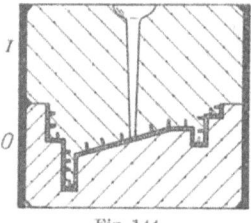

Fig. 144.

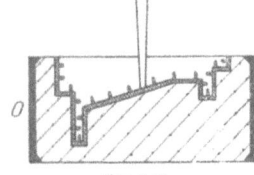

Fig. 145.

Metalleingußtrichter zu entfernen ist. Für den Gebrauch wird die Platte in üblicher Weise nachgearbeitet.

Das Beispiel zeigt in Fig. 141 die beiden besonders tief einschneidenden Konturen der Flanschen c, die beim Abstampfen und nachherigen Abheben die Gegenkontur abreißen würden. Um dies zu vermeiden, drückt man vorher diese Hohlräume in der Arbeitsform U (Fig. 142) mit Sand aus und deckt mit einem breiten, genügend starken Papierstreifen ab, sodaß diese Teile beim nachherigen Abgießen der abgeschabten Schicht voll laufen. Außerdem gibt man allen steilen Abhubflächen durch An-

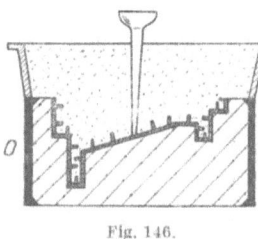

Fig. 146.

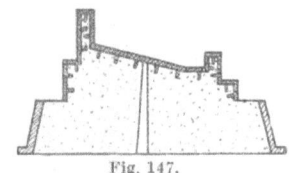

Fig. 147.

legen von Sand genügend Formschräge, damit die abzustampfende Gegenkontur beim Abheben unbeschädigt bleibt.

Diese praktischen Hilfsmittel sind bei den Figuren absichtlich unberücksichtigt geblieben, um eine möglichst klare Darstellung zu erzielen.

J. Modellplatte mit Abstreifkamm nach dem Schabeverfahren.

Modelle mit hohen winkligen Wänden lassen sich auf Abhebemaschinen nur dann formen, wenn man Formeinrichtungen mit Abstreifkamm anwendet. Bei diesem Formverfahren werden im Augenblick der Trennung von Modell und Sand die Sandkonturen durch einen Abstreifkamm unterstützt. Der Abstreifkamm ist ein den äußeren Modellumrissen folgender loser Bestandteil der Formeinrichtung. Durch die Aufwärtsbewegung des Abstreifkammes am Modellumriß beim Abheben wird die Sandform „abgestreift". Oft ist es nötig, bei sperrigen oder vielgestaltigen Modellen zwei oder mehrere Abstreifkämme vorzusehen. Auch bei dem im Beispiel gewählten Sockelmodell ist ein innerer und ein äußerer Abstreifkamm erforderlich.

Die Anfertigung einer Modellplatte mit Abstreifkamm ist nicht immer einfach. Bei dem Sockelmodell (Fig. 148) wird z. B. die Herstellung des Abstreifkammes durch das am seitlichen Lager befindliche Spannauge e wesentlich erschwert, da beim Einformen an dieser Stelle eine von der Modellmittellinie abweichende Teilung notwendig ist. Ohne das Auge wäre die Anfertigung des Abstreifkammes erheblich einfacher. Es würde unter Umständen bei der sich dann ergebenden geraden Formteilungsebene ein 4 bis 5 mm starkes Blech, bei dem die Modellumrisse herausgearbeitet sind, als Abstreifkamm genügen.

Fig. 148.

Die Herstellung der Platte für das Modell Fig. 148 ist in aufeinanderfolgenden Arbeitsgängen in Fig. 150÷157 schematisch dargestellt. Die Arbeitsgänge sind im wesentlichen die gleichen wie bei dem vorigen Beispiel. Jedoch bedingt das vielgestaltigere Modell hier, daß zwei übereinstimmende Modellformen hergestellt werden müssen. Man beginnt wie beim Schabeverfahren und stellt zwei übereinstimmende Formen nach Fig. 149 her. Dabei verfährt man so, daß man erst eine vollständige Form aufstampft, die Modellhälfte aus dem Oberkasten heraushebt und, vom Unterkasten ausgehend, eine zweite vollständige Form aufstampft.

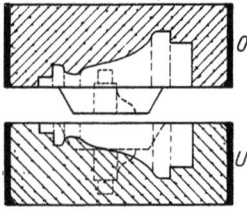

Fig. 149.

Die eine vollständige Form dient als Arbeitsform zur Herstellung der Gegenkonturen, die andere ist Gußform. In den Figuren sind die Arbeitsformen mit O und U, die Gußformen mit O_1 und U_1 bezeichnet. Zum guten Verständnis der folgenden Figuren muß man den Verlauf des Schnittes genau verfolgen, der durch die strichpunktierte Linie in Fig. 150 angedeutet ist; dieser Schnitt verläuft deshalb so ungerade, weil er auch die Stellen zeigen soll, an denen der innere Abstreifkamm ausgeschnitten werden muß.

Von den Arbeitsformen O und U werden die Gegenkonturen I und II abgestampft (Fig. 151), die in ihren äußeren Umrissen vorerst äußerst sorgsam erhalten sein müssen, weil sie die Grundlage für die auszuschneidenden Kammkonturen bilden. Wenn nötig müssen abgerissene Sandpartien dem Modell entsprechend angeflickt werden. (Damit sich die Gegenkonturen gut von den Arbeitsformen U und O abstampfen lassen, werden diese besonders vorgerichtet: Man gibt allen steilen Wänden durch Anlegen von Sand genügende Formschräge, trocknet beide Kastenteile und streicht sie zum Schluß noch mit dünnem Gipswasser glatt an.)

Indem man nun den äußeren Modellumrissen folgt, schneidet man zuerst aus den Gegenkonturen die Abstreifkämme in 12÷15 mm Stärke heraus, dann erst beschabt man das eigentliche Sandmodell wie im vorigen Beispiel. Hierbei muß sich zwischen beschabter Modell- und ausgeschnittener Kammfläche als Grenzscheide eine scharf ausgeprägte Kante k (Fig. 152) bilden. (Die beschabte Fläche ist in Fig. 152 wieder durch eine Doppellinie hervorgehoben.) Je genauer diese Grenzscheide hervorsteht, desto sauberer arbeitet die Formeinrichtung und desto leichter kann man nachher den Abstreifkamm vom Modell trennen. Die wegzuschabende Schicht ist mit a, die Konturen des äußeren Abstreifkammes sind mit b und die des inneren Abstreifkammes mit c bezeichnet. Für jeden dieser so entstehenden Hohlräume sieht man beim Abstampfen der Gegenkontur je einen Eingußtrichter für das einzugießende Metall vor. Die fertig beschabten Formen I und II zeigt Fig. 153, wobei die Oberfläche wieder durch Einstechen mit dem Rundholz Vertiefungen d erhalten hat.

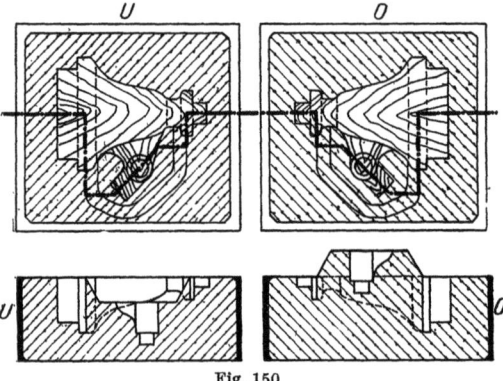

Fig. 150.

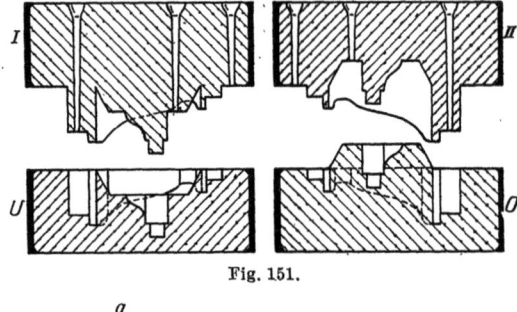

Fig. 151.

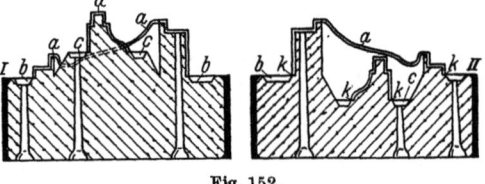

Fig. 152.

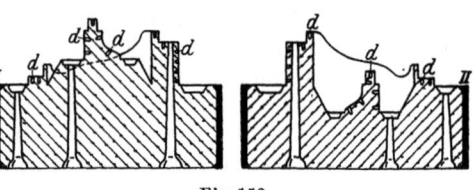

Fig. 153.

Die bis jetzt zurückgestellten Gußformen O_1 und U_1 werden mit den beschabten Formen I und II zusammengesetzt (Fig. 154). Nachdem man sich durch nochmaliges Abheben der Formen überzeugt hat, daß sie beim Zusammensetzen nicht beschädigt sind, werden die Hohlräume für Modell und äußeren und inneren Abstreifkamm mit Metall ausgegossen. Dann wird der Sand aus den Kästen I und II vorsichtig ausgegraben, die Kästen werden abgehoben, die Metallschicht und Formfläche gesäubert und die Eingußtrichter von den Abstreifkämmen abgelötet (Fig. 155, s. auch das vorige Beispiel „Schabeverfahren"). Vor dem Aufsetzen der Gipsrahmen muß noch folgendes beachtet werden:

Die Formkästen, die zur Herstellung der Platteneinrichtung mit Abstreifkamm nötig waren, mußten mit Rücksicht auf die Anfertigung des äußeren Abstreifkammes größer sein als die

Kästen, in denen später geformt werden soll. Man muß also zum Festgießen der beschabten Modelle die entsprechend kleineren Gipsrahmen auf die verwendeten größeren Kasten O_1 und U_1 aufsetzen. Die in Fig. 156 (vgl. auch Fig. 73) angedeuteten inneren Führungslappen der Formkästen O_1 und U_1 korrespondieren mit denen der Gipsrahmen GI und GII und sichern so die richtige Lage. Der besseren Übersichtlichkeit wegen sind die inneren Führungslappen bei den übrigen Figuren weggelassen. Zwecks guter Lösung vom Gips muß man die Abstreifkämme auf der sichtbaren Fläche mit Öl bepinseln. Auf der Grenze zwischen Modell und Abstreifkämmen setzt man ausgewalzten Ton t auf (Fig. 156). Nachdem die Gipsrahmen mit Gips ausgegossen und von der Form abgehoben sind, werden der innere und äußere Abstreifkamm vom Modell getrennt. Dabei fährt man mit einem starken Messer oder einem schlanken Meißel an den äußeren Modellumrissen entlang, wobei der Ton t die plastische Unterlage bildet. Nachdem man die Abstreifkämme abgehoben hat, wird der Ton aus dem Gips herausgekratzt und hinterläßt rings um das Modell einen kleinen Graben, in dem sich beim späteren Formen etwa durchfallender Sand ablagern kann.

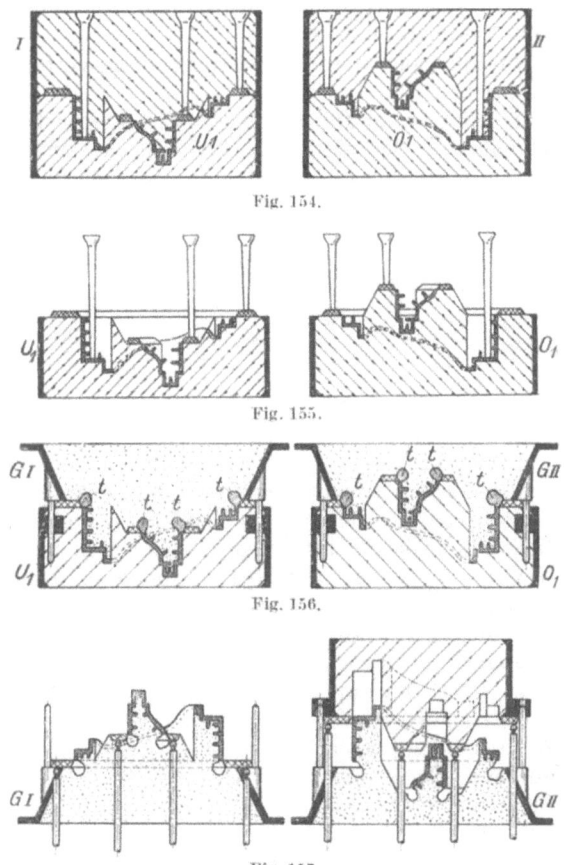

Fig. 154.

Fig. 155.

Fig. 156.

Fig. 157.

Die Abstreifkämme werden ebenso wie die Platte nachgearbeitet. Für die Abhebesäulen des inneren Abstreifkammes bohrt man an drei Stellen in entsprechender Stärke Löcher in die Gipsplatte. Beim äußeren Abstreifkamm läßt man zweckmäßig die Abhebesäulen außerhalb des Gipsrahmens wirken. Man nimmt darauf beim Ausschneiden des äußeren Abstreifkammes Rücksicht, indem man an vier Stellen Lappen mit ausschneidet. Die fertigen Modellplatten mit Abstreifkämmen zeigt Fig. 157. Bei der Platte GII sind der vollgestampfte Kasten und die Abstreifkämme in Hubstellung gezeigt.

K. Herstellung von Modellplatten mit gußeisernen Abstreifkämmen.

Gußeiserne Abstreifkämme sind haltbarer als metallene. Man verwendet daher bei größeren und ständig gebrauchten Abstreifkämmen als Werkstoff lieber Gußeisen. Die Herstellung eines gußeisernen Abstreifkammes ist jedoch grundverschieden von der im vorigen Abschnitt beschriebenen Arbeitsweise. Während beim ersten Arbeitsverfahren Modellplatte und Abstreifkamm zugleich in einem Arbeitsgang hergestellt werden, sind zur Anfertigung einer Modellplatte mit gußeisernem Abstreifkamm zwei getrennte Arbeitsgänge nötig. Man stellt im ersten Arbeitsgang den Abstreifkamm und im zweiten die Modellplatte her, dabei braucht man ferner ein vollständiges Metallmodell, das auf der Modellplatte in Gips festgegossen wird.

Im folgenden werden zwei Herstellungsverfahren für gußeiserne Abstreifkämme beschrieben.

1. Als Beispiel für das erste Verfahren ist ein Pumpengehäuse (Fig. 158) angenommen. Die eigentlich dreiteilig auszuführende Formarbeit geschieht so,

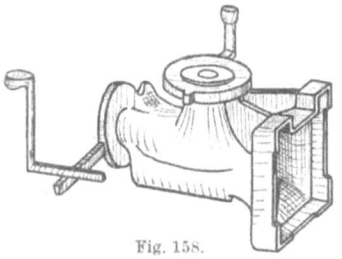
Fig. 158.

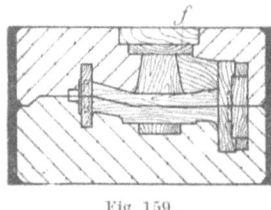
Fig. 159.

daß der obere Flansch f mit einem Kern abgedeckt wird, sodaß die Form zweiteilig hergestellt werden kann (Fig. 159). Bei Beginn der Arbeit ist es nötig, nach dem vorhandenen Metallmodell je eine feste Grundform für Ober- und Unterkasten zu schaffen, von denen bei Herstellung sowohl der gußeisernen Abstreifkämme als auch der Modellplatten ausgegangen wird. Eine Grundform aus Sand erweist sich als nicht zweckmäßig, weil die stets gleiche Lage des Modells in diesem Falle bei den beiden Arbeitsgängen nicht genügend gesichert wäre. Man stellt die Grundform daher aus Gips her, indem man nach Trennung von Ober- und Unterkasten (Fig. 160) Gipsrahmen aufsetzt und in die vorgesehenen Dübellöcher der Modellhälften lose Paßdübel d steckt (Fig. 161), die am überstehenden Ende in Gips festgegossen werden. Nach dem Erstarren des Gipses sichern die Dübel im Verein mit den Führungsstiften des Gipsrahmens die Lage der Modellhälften.

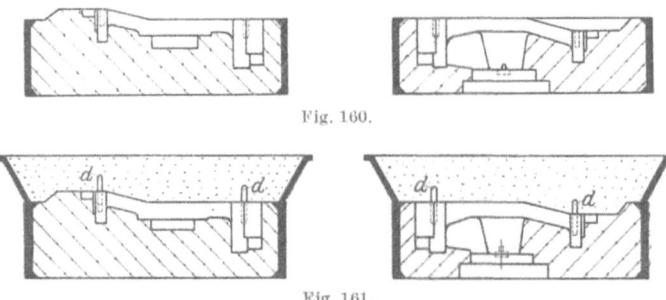
Fig. 160.

Fig. 161.

Zur Herstellung des Abstreifkammes stampft man, von den beiden Grundformen ausgehend, Ober- und Unterkasten neu auf. Die Größe der Formkästen entspricht hierbei der zum Formen des Modells notwendigen Formfläche. Der Abstreifkamm muß aber in seinen äußeren Abmessungen größer sein als der zum Formen verwendete Kasten. Man muß daher die Formfläche vergrößern, Ober- und Unterkasten werden zu diesem Zweck je in einen Kasten größerer Abmessung gesetzt und die Oberkanten der Kästen auf gleiche Niveauhöhe gebracht; den Hohlraum zwischen großen und kleinen Kästen stampft man mit Sand aus und erhält so die größere Formfläche (Fig. 162). Jetzt hebt man die Modellhälften aus dem Sand. Die dadurch entstehenden Modellhohlräume werden derart mit Sand voll gedrückt, daß die Sandfüllung 2÷3 mm von der oberen Kante zurücksteht. Man erreicht hierdurch, daß die Modellumrisse, die man zum Ausschneiden der Abstreifkämme braucht, durch Abstampfen auf die Gegenkontur übertragen werden.

Herstellung von Modellplatten mit gußeisernen Abstreifkämmen.

Zur Vereinfachung des Arbeitsganges fertigt man je einen Holzrahmen h (Fig. 163) für Ober- und Unterkasten an, 4÷5 cm breit und 1÷1,5 cm stark, und legt sie passend auf die Formkästen. In ihren äußeren Umrissen decken sie die inneren Formkastenteile.

Von den so vorgerichteten Kastenhälften stampft man die Gegenkonturen ab. Nachdem die abgestampften Kästen abgehoben sind, hebt man die Holz-

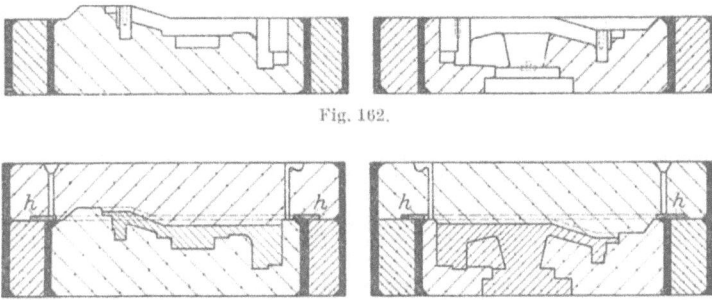

Fig. 162.

Fig. 163.

rahmen heraus und stellt die Kästen hochkant. Die äußeren Konturen der Abstreifkämme sind in den Formen gegeben durch die ausgehobenen Holzrahmen; man schneidet noch die vier äußeren Lappen l (s. Fig. 164 unten) für die Abhebestifte und nach innen, in der Stärke des ausgehobenen Holzrahmens, den Abstreifkamm bis an die erhabenen Modellumrisse aus dem Sand heraus. Außerdem setzt man in die Führungslappen der inneren Formkastenteile je einen Kern k (Fig. 164). Nachdem die Abstreifkämme auf diese Weise aus der Form

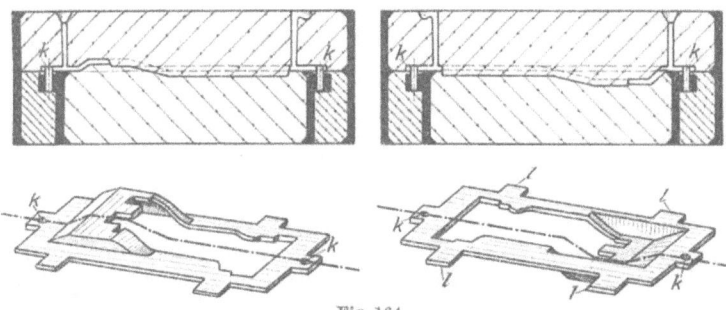

Fig. 164.

herausgeschnitten sind, setzt man beide Teile zusammen und gießt den so entstandenen Hohlraum mit Eisen aus. Die abgegossenen Abstreifkämme (Fig. 164 unten) werden vom Modellschlosser passend nachgearbeitet.

Durch die Schwindung passen allerdings die eingegossenen Löcher k nicht mehr; man feilt die Löcher deshalb nach außen etwas nach. Die dadurch oval gewordenen Löcher genügen für die Führung, da sich der Abstreifkamm von selbst genau am Modellumriß führt. Will man den Abstreifkamm auch in den Zentrierstiften genau führen, so muß man die Löcher k größer bohren, von beiden Seiten kegelig einsenken und dann entsprechend dem Arbeitsgang zur Herstellung der Lochlehre (s. Seite 14) verfahren. In Fig. 165 ist dieser Arbeitsgang dargestellt: g ist der Gipsrahmen, e der Zentrierstift, d die Buchse, c das Weißmetall, b der Abstreifkamm.

Zur Herstellung der Modellplatten geht man wieder von den Grundformen aus. Die Modellhälften werden passend auf die Gipsgrundformen gelegt und die aufgesetzten Kästen erneut aufgestampft (Fig. 166). Die Abstreifkämme werden jetzt so auf die beiden gewendeten Kästen gelegt, daß sich die Modelle leicht durch sie hindurchziehen lassen. Man überzeugt sich von der richtigen Lage der Abstreifkämme, indem man die Modelle etwas anhebt. Die Modelle müssen ohne Zwängungserscheinungen durch den Kamm hindurchgehen. Der Abstreifkamm wird auf

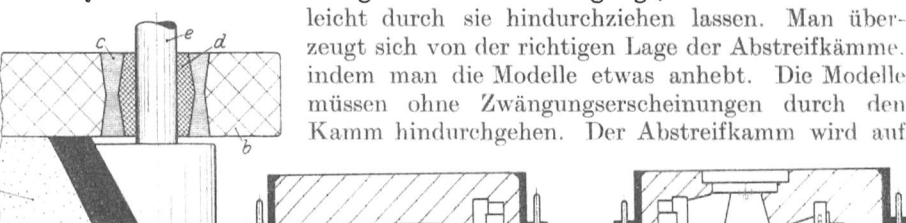

der Oberfläche mit Öl eingepinselt und in die Modellhälften werden starke Winkelschrauben w (Fig. 167) hineingedreht. Auf die so vorgerichtete Form wird der Gipsrahmen gesetzt und mit Gips ausgegossen. Die Modelle haben sich durch die eingedrehten Winkelschrauben w fest mit dem Gips verbunden, während sich die Abstreifkämme durch den isolierenden Ölanstrich leicht von der Modellplatte trennen lassen.

Es empfiehlt sich, bei gußeisernen Abstreifkämmen sog. Reiter vorzusehen.

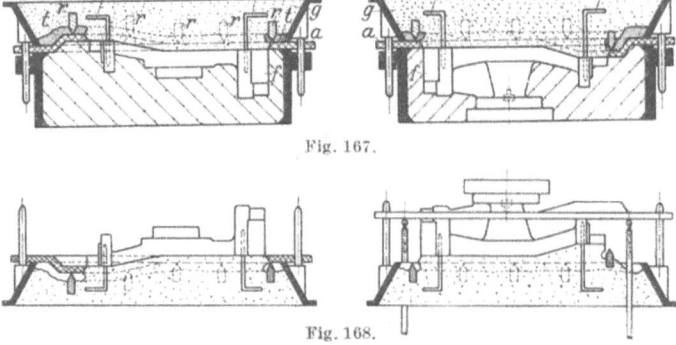

Fig. 167.

Fig. 168.

Dazu wird der Abstreifkamm mit einer 10 mm stark ausgewalzten Tonschicht t (Fig. 167) belegt, und es werden keilartige Reiter r aus Gußeisen in nicht zu großen Abständen auf den Kamm gesetzt. Nachdem diese Reiter in Gips festgegossen sind und die Tonschicht vom Gips weggenommen ist, ruht der lose Abstreifkamm a lediglich auf den Reitern. Der beim Formen durchfallende Sand lagert sich dadurch in dem Hohlraum zwischen Kamm und Gips ab. Eine genügend große Anzahl von Reitern in Verbindung mit genügender Kammstärke verhütet ein Durchbiegen des Kammes.

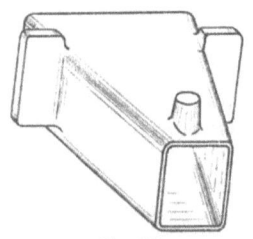

Fig. 169.

Fig. 168 zeigt die fertigen Modellplatten; auf der rechten Seite ist der Abstreifkamm in Hubstellung dargestellt.

2. Beim zweiten Herstellungsverfahren für Abstreifkämme werde von einem Modell (Fig. 169) ausgegangen, dessen Gestalt nur für den Unterkasten einen Abstreifkamm nötig macht. Die Arbeitsweise ist folgende: zuerst stellt man, wie beim ersten Verfahren, eine Grundform G (Fig. 170) in Gips her. Die Lage des Modells wird auf der Grundform durch eingegossene Dübel d festgelegt, und es wird von der Grundform dann ein Formkastenteil I (Fig. 171) aufgestampft. Zwischen Grundform und angehobenes Modell sowie Form-

Herstellung eines Durchziehkammes für Stirnräder.

kasten legt man kleine gleich starke Holzleisten h von etwa 12 mm. Dadurch entsteht über der Oberkante des Formkastens und des Modells eine der Stärke der Leisten entsprechende Sandschicht. Diese Sandschicht ist nach Fig. 172 und 173 zu beschnei-

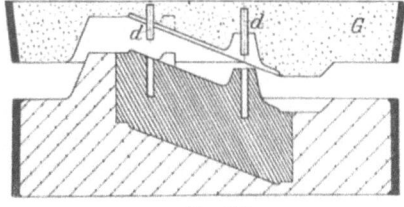

Fig. 170.

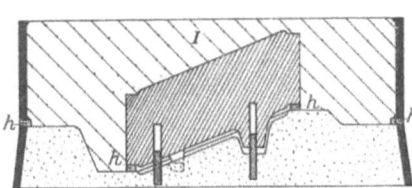

Fig. 171.

den; sie bildet das Modell des punktiert angedeuteten Abstreifkammes a in Sand. Von dem so hergerichteten Formkasten I stampft man den Formkasten II auf (Fig. 174) und hebt ihn ab. Um nun den Hohlraum für den Abstreifkamm zu erhalten,

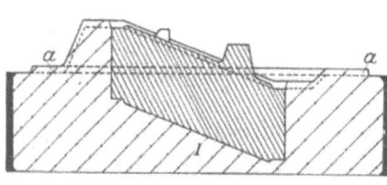

Fig. 172.

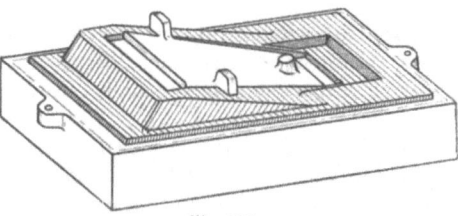

Fig. 173.

müßte man eigentlich die das Modell für den Abstreifkamm bildende Sandschicht a von der Fläche des Formkastens I wegschneiden. Da dies wegen der erforderlichen Maßeinhaltung nicht angängig ist, muß man von der Grundform G einen neuen

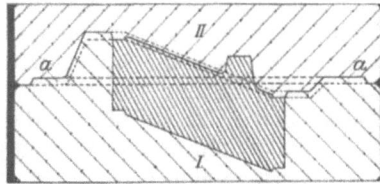

Fig. 174.

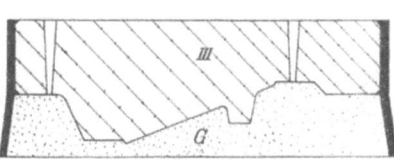

Fig. 175.

Formkasten III ohne Modell abstampfen, jedoch ohne Zwischenlegen der Holzleisten (Fig. 175). Die Formkästen II und III ergeben beim Zusammensetzen den Hohlraum für den Abstreifkamm b, der jetzt in Eisen oder Metall abgegossen wird (Fig. 176). Der gegossene Abstreifkamm ist passend nachzuarbeiten.

Bei Anfertigung der Modellplatte verfährt man entsprechend dem vorher beschriebenen ersten Ausführungsbeispiel. Von der Grundform G ausgehend, wird eine vollständige Form aufgestampft. (Über dem Oberkasten gießt man eine einfache Modellplatte ohne Abstreifkamm ab.) Auf die Unterform wird der Abstreifkamm passend

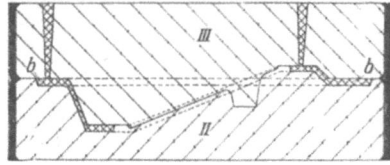

Fig. 176.

aufgelegt; der Schwindung, die er erfahren, trägt man Rechnung, indem man die senkrechten Wände der Sandform so weit beschneidet, bis er fest auf den wagerechten Flächen aufliegt. Infolge der Schwindung schließen allerdings beim späteren Formen die mehr senkrecht verlaufenen Sitzflächen nicht vollkommen; doch erreicht man so ungewollt den Vorteil, daß diese

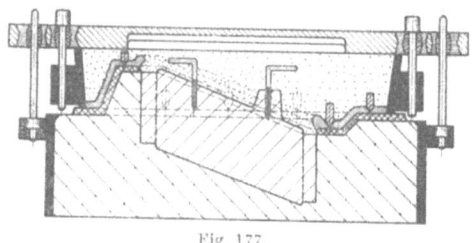

Fig. 177.

Sandpartien beim Zulegen nicht aneinanderstreifen. Die eigentlichen wagerechten Schließflächen (durch die Schwindung nicht beeinträchtigt) sitzen trotzdem satt aufeinander und verhindern Gratbildung. Den letzten Arbeitsgang zeigt Fig. 177. Der Gipsrahmen ist mittels Lochschablone aufgesetzt und mit Gips ausgegossen, nachdem eine Tonschicht auf den Abstreifkamm gelegt und die „Reiter" genau wie beim ersten Verfahren gestellt sind.

L. Herstellung eines Durchziehkammes für Stirnräder.

Das Durchziehverfahren findet da Anwendung, wo der Abstreifkamm nicht mehr ausreicht. Stirnräder, Rippenheizkörper, Zylinder für Motorräder und ähnliche Gußstücke lassen sich einwandfrei nur nach dem Durchziehverfahren herstellen.

Das Durchziehverfahren besteht zum Beispiel bei Anfertigung eines Zahnrades darin, daß man das Modell durch einen allseitig in die Zahnlücken hineinreichenden Durchziehkamm nach unten durchzieht. Der die Zahnlücken ausfüllende, fest gestampfte Formsand wird hierbei vom Durchziehkamm getragen. Am Anfang der Abwärtsbewegung des Modells macht nun der die Lücken ausfüllende Sand den Durchzug des Modells mit, indem er sich gegen den Durchziehkamm hin etwas zusammenschiebt und dabei oben von der Form abreißt; erst nach Zurück-

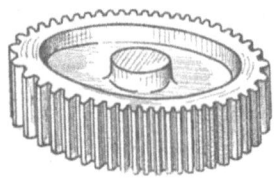

Fig. 178.

legung eines gewissen Weges löst sich das Modell von dem anhaftenden Sand los. Die Folge ist, daß beim Gießen an den abgerissenen Stellen Grat entsteht. Um das zu vermeiden, fertigt man ein Modell, das in Richtung der Zähne länger ist als nötig. Dieses Modell zieht man nach Vollendung der ersten Stampflage zuerst nur um ein gewisses Maß nach unten, das genügt, um ein Loslösen von dem anhaftenden Sand zu bewirken. In dieser Stellung muß die Entfernung von Oberkante Modell bis zum Durchziehkamm der Länge des herzustellenden Abgusses, also der Breite

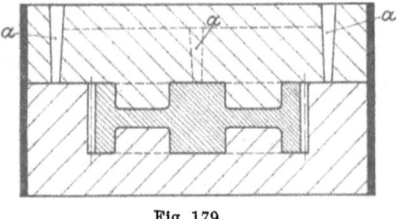

Fig. 179.

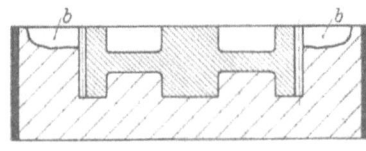

Fig. 180.

des Zahnrades entsprechen. Jetzt stampft man den Kasten fertig und zieht das Modell, das sich nun ohne Abreißen des Sandes lösen läßt, vollends durch.

Ein Durchziehkamm für das Stirnrad Fig. 178 wird hergestellt, indem man sich erst eine vollständige Form anfertigt und im Oberkasten Eingußtrichter a (Fig. 179) für den abzugießenden Durchziehkamm vorsieht. Nachdem man den

Oberkasten abgehoben hat, gräbt man rings um das Modell und zwischen den Zähnen eine Vertiefung *b* (Fig. 180) heraus. Dieser Ringausschnitt wird durch eingedrückte Blechstreifen in mehrere Segmente eingeteilt. Hierauf wird die

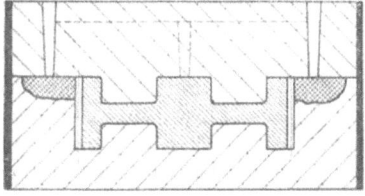

Fig. 181.

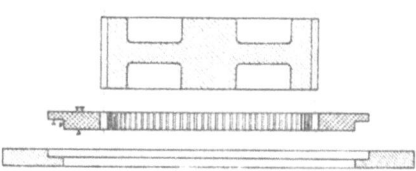

Fig. 182.

Form zwecks besserer Lösung des Metallkranzes vom Modell mit Talkum eingestäubt, der Oberkasten aufgesetzt und die Form mit wenig schwindender Weißmetallegierung ausgegossen (Fig. 181). Da man den Hohlraum für den abzugießenden Metallkranz durch Einsetzen von Blechstreifen in mehrere Felder geteilt hat, muß man für das einzugießende Metall für jedes Segmentfeld einen Eingußtrichter vorsehen, die man im Oberkasten zu einem gemeinsamen Gießtümpel vereinigt (Fig. 179 und 181).

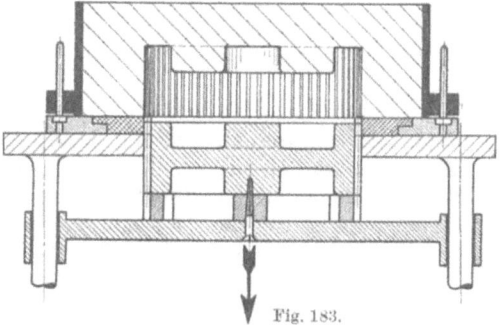

Nach dem Ausleeren werden die einzelnen Segmentstücke am Zahnrad gekennzeichnet und dann vom Modell gelöst. Nachdem die Eingußtrichter abgelötet und die Segmentstücke gesäubert sind, werden sie passend, der Kennzeichnung entsprechend, wieder an das Modell angelegt. Die Trennfugen zwischen den Segmentstücken werden mit der gleichen Metallegierung geschweißt. Das Schweißmetall wird zu diesem Zweck flüssig rotwarm gemacht.

Die beschriebene Einteilung des Metallringes in einzelne Segmente ist wegen der Schwindung des Ringes notwendig.

Fig. 182 zeigt das Zahnrad und den passend zum Einlassen in die Modellplatte bearbeiteten Durchziehkamm. Die Formeinrichtung wird mit einer Durchzugformmaschine in Verbindung gebracht. Fig. 183 zeigt die fertig montierte Einrichtung im Moment des erfolgten Durchzugs.

M. Sondermodellplatten für schwierig herzustellende Gußstücke.

In folgendem ist die Herstellung von Modellplatten für eine Seilscheibe und einen Teilkopfstuhl beschrieben. Die Beispiele sind gewählt, weil die Herstellung der Platten hierbei schwieriger ist und weil die Überlegungen, die hier zum Erfolg führen, einen Anhalt auch für eine ganze Reihe ähnlicher Modelle ergeben. Dabei ist noch die bisher nicht erwähnte Verwendung von grünen Kernen beschrieben.

Fig. 184.

1. Die Herstellung einer Modellplatte für eine Seilscheibe (Fig. 184) bei Anwendung des Grünkernverfahrens. Bei kleineren Seilscheiben benutzt man Handformplatten oder ähnliche Formeinrichtungen, bei denen der Unterkasten aufgesetzt, vollgestampft und dann gewendet wird (Fig. 185). (Über die Herstellung solcher Handformplatten vgl. Abschnitt „Doppelseitige Modellplatten".) Bei größeren Seilscheiben ist das wegen der dabei zu bewegenden Lasten ausgeschlossen. Die Formeinrichtung muß hier vielmehr das Formen auf Stiftabhebemaschinen ermöglichen, damit nicht nur das zeitraubende Wenden wegfällt, sondern auch das Auf- und Absetzen schwerer Formkasten leichter vonstatten geht.

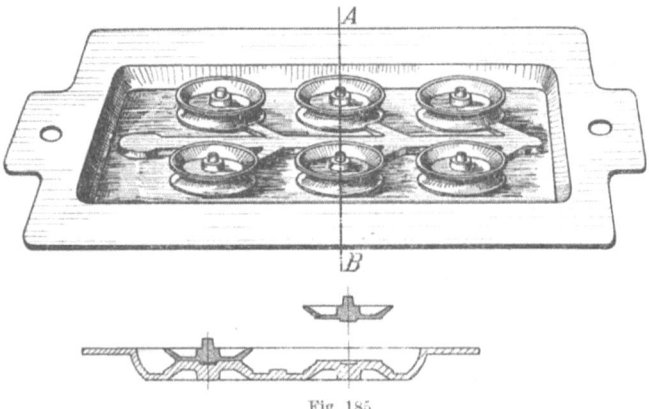

Fig. 185.

Zunächst ist zu erwägen, wie man am besten die Seilrille herstellt. Bei der bekannten Verwendung von mehrfach geteilten getrockneten Kernen für die Seilrille entsteht beim Abgießen Grat an den Trennungsfugen der einzelnen Kernsegmente, und außerdem ist die Herstellung teuer. Vorzuziehen wäre also die Herstellung eines ungeteilten grünen Kerns; es müßte daher bei Anfertigung der Form die Seilrille als Kernstück mitgeformt werden. Im Gegensatz zu dem in der Handformerei üblichen Verfahren, bei dem die Seilrille als fliegendes Kern-

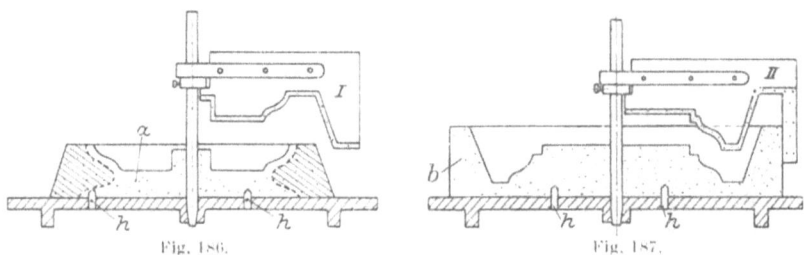

Fig. 186. Fig. 187.

stück hergestellt wird und dadurch ein Wenden der vollständigen Form notwendig wird, muß hier das Herausheben des grünen Kernstücks ohne Kastenwenden möglich sein, wie aus der später folgenden Beschreibung der Modellplatte ersichtlich ist. Die Modellplatteneinrichtung besteht aus einer Modellplatte für den Unterkasten und einer Modellplatte für den Oberkasten, die durch die Anordnung eines losen Modellteils zugleich Kernformplatte ist.

Die Herstellung dieser Formeinrichtung für größere Seilscheiben und die Arbeitsweise in der Maschinenformerei ist in den folgenden Figuren wiedergegeben. Ein Holzmodell ist zur Anfertigung der Formplatten nicht erforderlich, vielmehr wird der ganze Modellaufbau mit Schablone in Gips gedreht. Voraussetzung ist natürlich, daß bei allen Schablonen zur Herstellung der Gipsmodelle die in den Figuren kenntlich gemachte Bearbeitung zugegeben wird. In mäßig dick angerührtem Gipsbrei dreht man mittels der Schablone I (Fig. 186) zuerst das Modellunterteil a, wobei man die Kernmarke für die Seilrille zugleich mit vorsieht; sie ist durch schwach punktierte Schraffur kenntlich gemacht. Die kleinen Holzpflöckchen h verhindern, daß der Gipsbrei die drehende Bewegung mitmacht. Die Gipsform b der Modellplatte für den Oberkasten stellt man mit der Schablone II (Fig. 187) her. Von dieser Platte wird die Grundform für das lose Modellteil hergestellt. Hierzu wird die Gipsform b nach dem Erstarren mit Glaspapier sauber geschliffen und mit Schellack lackiert, ferner mit einem dünnen Ölanstrich versehen und mit Lykopodium oder Talkum eingepudert. Dann gießt man dünn angerührten Gips in die Gipsform und streicht ihn entsprechend der Oberkante ab. Nach dem Erstarren löst man den eingegossenen Teil g (Fig. 188), setzt ihn mit seiner breiten Fläche auf die Richtplatte (Fig. 189) und erhält so die Grundform zum Drehen des losen Modellteils mit der Schablone III. Die

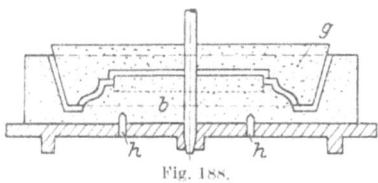

Fig. 188.

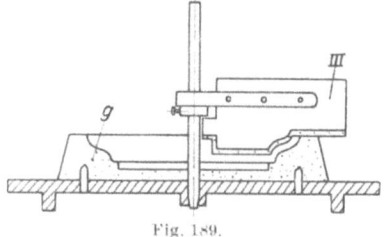

Fig. 189.

Grundform g versieht man mit einem leichten Ölanstrich und schabloniert nun das Modellteil c in Gips. Die Grundform g hat dann ihren Zweck erfüllt und wird nicht mehr gebraucht; die Gipsformen a und b werden in Eisen, das Modellteil c in Aluminium abgegossen. Vorteilhaft ist es, die beiden Teile a und b rückseitig etwas auszusparen, um das Gewicht zu verringern. Wie man aus Fig. 190 ersieht, ist das lose Modellteil c in die Modellplatte b mit einem Bund eingelassen. Dies wurde dadurch erreicht, daß man bei Her-

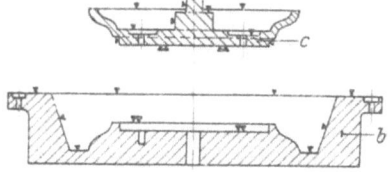

Fig. 190.

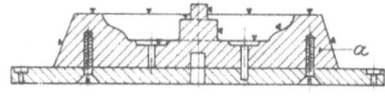

Fig. 191.

stellung der Gipsform b (Fig. 188) den mittleren Teil nach der gestrichelten Linie verstärkt hat. Alle drei Teile werden nun auf der Drehbank an den in den Figuren kenntlich gemachten Flächen sauber bearbeitet, wobei, ebenfalls auf der Drehbank, bei den Teilen a und b das genaue Mittenloch zu bohren ist, damit hinterher beim Aufmontieren alle 3 Modellteile genau zentriert werden können. Die Aussparungslöcher im Boden der Seilscheibe werden mit einem Bohrmesser bis zur halben Tiefe in das Untermodell a und in das lose Modellteil c eingebohrt.

Dann schraubt man das Untermodell a auf einer ebenfalls mit einem Mittenloch versehenen gehobelten Platte fest und bohrt, vom Mittenloch ausgehend, die beiden Zentrierlöcher für die Führungsstifte (Fig. 191).

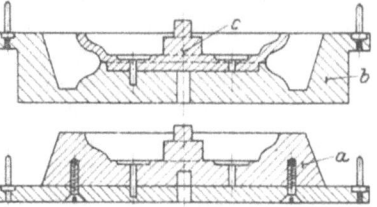

Fig. 192.

Bei der Formplatte für Oberkasten und Kernstück werden die Zentrierlöcher ebenso in gleichem Abstand vom Mittenloch gebohrt. Wegen der Aussparungslöcher im Boden der Seilscheibe muß man das lose Modellteil auf die Formplatte b passend zur Formplatte für den Unterkasten dübeln. Fig. 192 zeigt die zum Gebrauch fertigen Modellplatten.

Zum Ausheben des Kernstücks beim späteren Formen in der Gießerei stellt man sich noch ringförmige Kerneisen mit eingezogenen Ösen her.

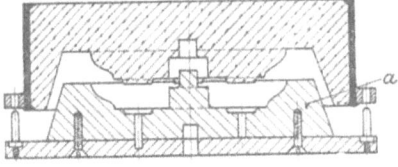
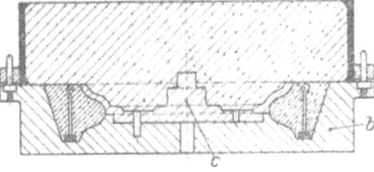

Fig. 193.   Fig. 194.

Beim Formen beginnt man mit der Herstellung des Unterkastens, der normal von der Modellplatte a abgestampft und abgesetzt wird (Fig. 193). Zur Her-

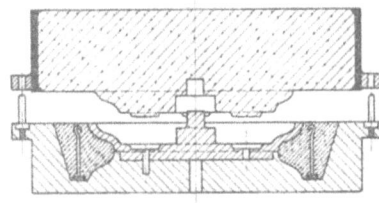
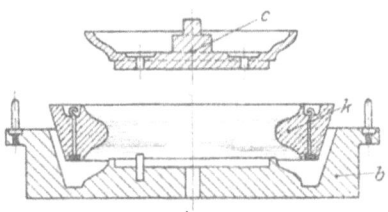

Fig. 195.   Fig. 196.

stellung des Kernstücks legt man den mit Lehmschlichte angefeuchteten Kerneisenring auf den Grund der Modellplatte b (Fig. 194), setzt das lose Modellteil c auf,

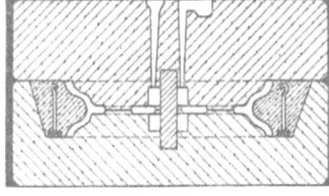

Fig. 197.

drückt die Hohlkehlung mit Sand aus und streicht den Sand mit der Modelloberkante glatt ab. Modell und die Oberfläche des Kernstücks pudert man gut ein und stampft darauf den Oberkasten auf. Durch den Hub der Formmaschine trennt man den Oberkasten von der Modellplatte (Fig. 195). Jetzt entfernt man das lose Modellteil c, hebt das nun frei liegende Kernstück k an den in Kerneisen eingegossenen Ösen heraus (Fig. 196) und legt es in die Unterform. Nachdem der Bohrungskern eingelegt ist, wird die Form geschlossen und ist gießfertig (Fig. 197).

2. Die Herstellung einer Modellplatteneinrichtung für einen Teilkopfstuhl (Fig. 198). Dabei ist von der Erwägung ausgegangen, daß es bei der Massenfertigung

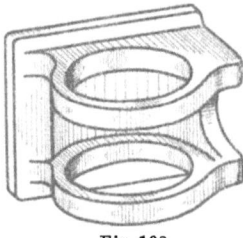

Fig. 198.

dieses vielgestaltigen Gußstückes wenig ins Gewicht fällt, wenn die Herstellung der Modellplatte verhältnismäßig schwierig ist, wofern man nur dadurch erreicht, daß sich nach dieser Einrichtung nachher so einfach wie möglich formen läßt. Das übliche Formverfahren für einen Teilkopfstuhl wäre entweder die Anwendung einer dreiteiligen Form oder eine zweiteilige Form mit einem getrockneten Kern zur Herstellung der inneren Modellpartien. Beide Verfahren sind umständlich. Anzustreben ist der Einfachheit wegen die zweiteilige Form und, um den trockenen Kern zu sparen, die Anwendung des Grünkernverfahrens, sowie ferner zur leichteren Trennung von Modell und Sand die Verwendung von Kernausdrückern und Abstreifkämmen; außerdem kann man hier durch das Reversierverfahren

Sondermodellplatten für schwierig herzustellende Gußstücke.

erreichen, daß man zur Herstellung der Form einerseits und des grünen Kerns andererseits nur je eine Platte und Formmaschine gebraucht.

Bei der nach diesen Grundsätzen herzustellenden Form und Kernplatte unterscheidet man vier Arbeitsabschnitte:
1. Anreißen und Bohren der Grundplatte,
2. Herstellung der Kernplatte,
3. Herstellung des gußeisernen Modellkörpers für die Reversiermodellplatte,
4. Anfertigung der Modellplatte.

Zur Herstellung der Modell- und Kernformplatte wird von einer Grundplatte (Fig. 199) ausgegangen, die zwei Zentrierlöcher c für die inneren und zwei Zentrierlöcher b für die äußeren Lappen des zur Anfertigung der Kernformplatte verwendeten Modellkastens besitzt. Diese Platte erhält die genau durch die Mitte gehenden Risse d—d und e—e. An den Schnittpunkten der beiden Risse wird die Platte gebohrt, und man erhält das genaue Mittelloch, von dem bei allen Arbeitsgängen ausgegangen wird.

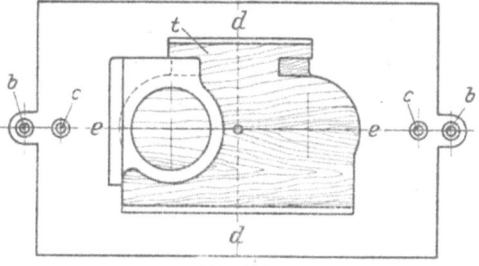

Fig. 199.

Der Modellkörper wird in der Tischlerei aus Holz angefertigt. Er besteht aus den zwei Modellhälften m (Fig. 200) und der Kernmarkenhälfte t. Die zwei Modellhälften sind lose auf die Kernmarkenhälfte aufgedübelt und müssen einander symmetrisch gegenüberliegen. Die Kernmarkenhälfte ist auf der Unterseite mit einem durch die Mitte gehenden Quer- und Längsriß versehen und wird, entsprechend den Rißlinien auf der Grundplatte, durch Paßstifte z befestigt. Außerdem wird das Mittelloch der Grundplatte auf die Kernmarkenhälfte übertragen und diese passend verdübelt. Die Kernmarkenhälfte muß des-

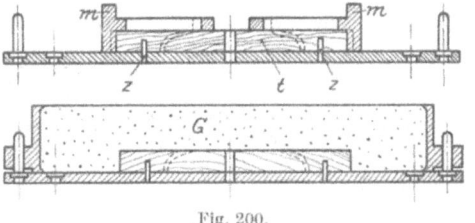

Fig. 200.

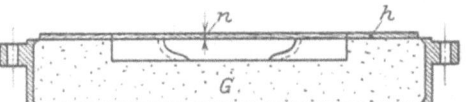

Fig. 201.

halb so genau auf der Mitte der Grundplatte gesichert werden, weil sonst beim späteren Formen fehlerhafte Abgüsse entstehen oder Kern und Form nicht zusammenpassen.

Die Arbeiten zur Herstellung der Kernformplatte sind in den Fig. 200—210 gezeigt. Die Kernformplatte besteht aus einer oberen und unteren Kernkastenhälfte (Fig. 208 und 210). Die untere Hälfte unterscheidet sich von der oberen durch den geschlossenen Boden l und den angegossenen breiten Rand z (s. Fig. 209 Seite 48.)

Über die auf der Grundplatte festgelegte Kernmarkenhälfte wird eine Gipsform G (Fig. 200) ausgegossen. Um später die Bearbeitungszugabe n (Fig. 201) für das Hobeln der Schließflächen der Kernkastenhälften zu erhalten, legt man auf die gewendete Gipsform einen Holzrahmen h. Der Holzrahmen folgt innen der Umrißlinie der Kernmarkenhälfte und entspricht außen der Umrißlinie des Randes z (s. Fig. 209). Man hebt nun die Kernmarkenhälfte aus der Gipsform G heraus und stampft darüber den Formkasten I auf (Fig. 202). Man erhält dadurch also in Formkasten I die innere Kontur der herzustellenden Kernplattenhälfte.

Zur Herstellung des Oberkastens II (Fig. 205) geht man wieder von der Grundplatte aus. Man legt zunächst unter die Kernmarkenhälfte t (Fig. 203) eine Holzplatte f, der Außenform des Randes z (Fig. 209) entsprechend, von etwa 12 mm Stärke und legt außen herum eine Tonschicht o von ungefähr der gleichen Stärke an. Hierüber stampft man den Formkasten II auf und sieht dabei einen Eingußtrichter vor (Fig. 204). Jetzt werden Formkasten I und II zusammengesetzt (Fig. 205) und mit Eisen ausgegossen.

Vor dem Ausgießen müssen die beiden Zentrierlöcher a_1 der abzugießenden Kernplatte vorgesehen werden. Zu diesem Zweck wird in die beiden inneren Zentrierlöcher a_1 des Unterkastens je ein Kern a nach Teilskizze (Fig. 206) gesteckt.

Nach dem Gießen wird der Oberkasten vorsichtig entfernt, wobei darauf zu achten ist, daß die abgegossene Kernplattenhälfte, ohne ihre Lage zu verändern, auf dem Unterkasten liegen bleibt. Die eingesetzten Kerne a werden vorsichtig ausgestoßen, je ein Zentrierstift p (Fig. 207) in die inneren Zentrierlappen gesteckt, über den Stift eine Hartmetallbüchse s gestreift und mit Weißmetall v umgossen (vgl. auch Arbeitsgang zur Herstellung der Lochlehre S. 14).

Die zweite Kernkastenhälfte wird auf dieselbe Art hergestellt. Nur sind bei Fig. 201 u. 203 Holzrahmen und Holzplatte nach den Umrissen des Oberteils, also ohne den Rand z (s. Fig. 204), anzufertigen. Hiermit wären die Formarbeiten zur Herstellung der Kernformplatte erledigt.

Beide Kernkastenhälften werden auf den Schließflächen gehobelt, bis das richtige Maß w (Fig. 208) erreicht ist. Von dem Kernkastenoberteil wird der Boden weggehobelt, in das Kernkastenunterteil (Fig. 209) werden Führungsstifte eingesetzt, und die fertige Kernformplatte wird mit einer Wendeplattenformmaschine verbunden (Fig. 210).

Sondermodellplatten für schwierig herzustellende Gußstücke.

Die Arbeitsfolgen zur Herstellung des gußeisernen Modellkörpers für die Reversiermodellplatte sind ähnlich wie die schon im Abschnitt „Schabeverfahren" beschriebenen. Es kommt hier nur hinzu, daß der Modellkörper um die Dicke des Abstreifkammes A und der Reiter R (Fig. 219) stärker gehalten werden muß. Zu diesem Zweck wird das wieder passend auf die Grundplatte gesetzte Modell in entsprechender Stärke St (Fig. 211) unterlegt. Hiervon ausgehend wird der Formkasten

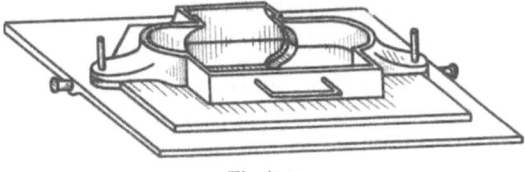

Fig. 210.

I aufgestampft und gewendet. Dann nimmt man die Platte St und die Kernmarkenhälfte aus dem Kasten I, zieht beide Modelle bis zur Oberkante des Form-

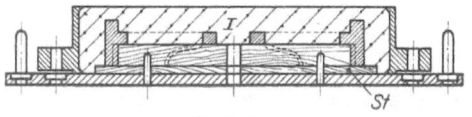

Fig. 211. Fig. 212.

kastens hoch, dämmt den Hohlraum mit Sand voll und poliert mit der Oberkante glatt (in Fig. 212 mit Kreuzschraffur kenntlich gemacht). Jetzt stampft man die Gegenkontur in Formkasten II ab (Fig. 213) und beschabt die Gegenkontur II und die Form I derart, daß sich der Hohlraum für den Modellkörperrand S (Fig. 214) bildet. Formkasten II und I, aus dem die Modelle herausgenommen sind, wer-

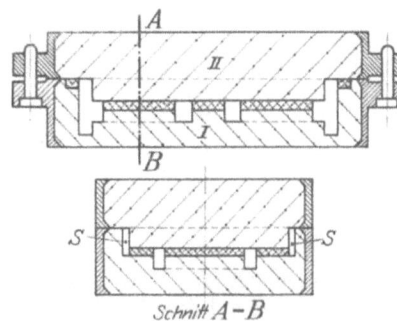

Schnitt $A-B$
Fig. 214

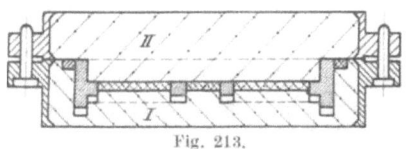

Fig. 213.

den jetzt zusammengesetzt (Fig. 214) und mit Eisen ausgegossen. Man erhält den Modellkörper nach Fig. 215. Dieser Abguß wird sauber nachgearbeitet und vorerst einstweilig auf der Modellplatte befestigt, wobei man wieder von den Zentrierrissen der Grund-

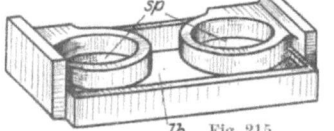

Fig. 215.

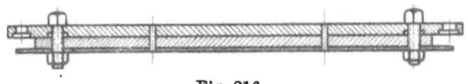

Fig. 216.

platte ausgeht. Das Mittelloch und die beiden Dübellöcher der Grundplatte werden nach Fig. 216 auf die Modellplatte und den äußeren Abstreifkamm übertragen. Den Modellkörper und die Platte für den Abstreifkamm versieht man mit einem Längs- und Querriß. Nach diesem Aufriß legt man den Modellkörper zuerst passend auf die Platte für den Abstreifkamm, umreißt mit einer scharfen Nadel und arbeitet danach den äußeren Abstreifkamm A (Fig. 218) aus. In entsprechender Weise legt man den Modellkörper auf der Modellplatte fest (Fig. 217). Dabei dübelt man zuerst das Holzmodell auf die übertragenen Dübellöcher und umreißt mit einer Nadel. Dieser

Brobeck, Modellplattenherstellung. 4

Umriß des Holzmodells muß sich mit dem des gußeisernen Modellkörpers unter Berücksichtigung der Schwindung decken. Der Modellkörper wird, nachdem er wieder von der Modellplatte abgeschraubt ist, in der Modellschlosserei fertig nachgearbeitet. Der innere Abstreifkamm J (Fig. 218) wird der Aussparung entsprechend

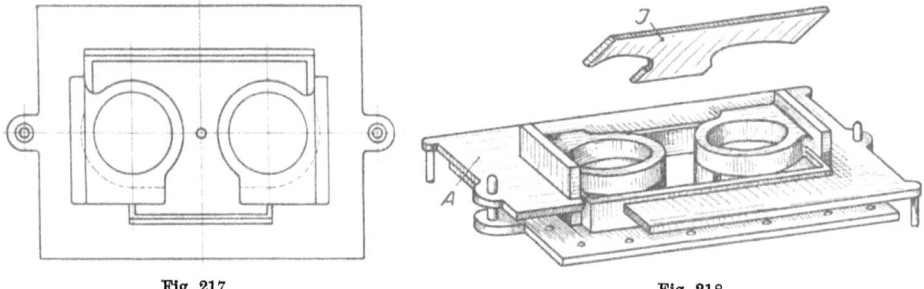

Fig. 217.   Fig. 218.

angefertigt und das Ganze nach Fig. 218 zu einer vollständigen Modellplatteneinrichtung vereinigt. Fig. 219 zeigt die Reiter R; P ist die Modellplatte, A der Abstreifkamm, M das Modell und K ein Kernausdrücker.

Fig. 220 zeigt die vollständige Modellplatteneinrichtung in Hubstellung mit abgestampftem Formkastenteil sowie die Wirkungsweise der Abstreifkämme und

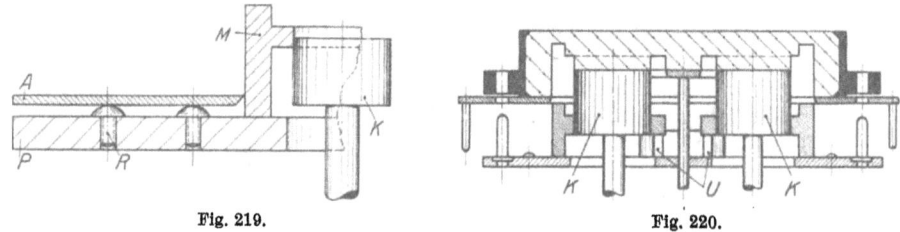

Fig. 219.   Fig. 220.

Kernausdrücker K. Die Kernausdrücker K sowie die beiden Abstreifkämme sind entsprechend der Modellhöhe eingestellt. Die ringförmigen Modellteile werden beim Aufmontieren auf die Modellplatte durch Paßstücke U gestützt.

In der Formerei stellt man dann zuerst den Kern nach der Kernplatteneinrichtung fertig und hebt die obere Kernkastenhälfte ab. Nun stampft man nach

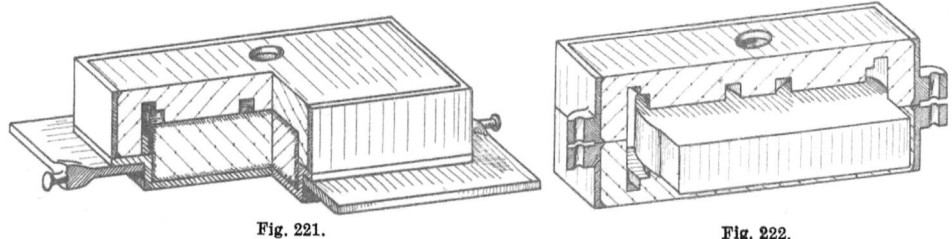

Fig. 221.   Fig. 222.

der Reversiermodellplatte ein Formkastenteil auf, setzt es auf die Kernformplatte (Fig. 221), verklammert den Kasten, wendet auf der Maschine, löst die Verklammerung und hebt ab. Der grüne Kern liegt nun passend in der Unterform. Fig. 222 zeigt einen Schnitt durch die gießfertige Form, wobei des besseren Verständnisses wegen die Kernpartien nicht geschnitten sind. Den fertigen Abguß zeigt Fig. 223.

Das Beispiel zeigt bei Fig. 220 die übliche Anwendung der Kernausdrücker K. Bei vielgestaltigen oder hohen Kernen werden diese Kerne beim Abheben der Form von unten nachgepreßt. In solchem Fall werden die Kernausdrücker etwas tiefer eingestellt als die Abstreifkämme. Dadurch hängen die Säulen der Kernausdrücker länger nach unten als die Abhebesäulen der Abstreifkämme. Wird nach Fertigstellung der Form abgehoben, so pressen die Kernausdrücker den Sand im Anfang der Bewegung etwas nach, bis der Abhebetisch die Höhe der Abhebesäulen für den Abstreifkamm erreicht hat. Erst in diesem Augenblick beginnt die Trennung von Modell und Sand.

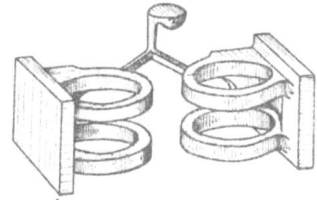

Fig. 223.

Selbstverständlich kann man auch zum Abgießen der Kernkastenhälften, des Modellkörpers und der Abstreifkämme Modelle in der Modelltischlerei anfertigen lassen. Das ist dann vorzuziehen, wenn man keine geeigneten Modellplattenformer zur Verfügung hat. Die Holzmodelle müssen aber peinlich genau gearbeitet werden, da beim Reversieren ebenso wie bei dem Kern alles genau auf Umschlag passen muß. In solchem Fall ist von der herzustellenden Einrichtung eine Zeichnung anzufertigen.

III. Anhang.

A. Beispiele aus der Praxis.

1. Formeinrichtung für Krümmer und Abzweig. Die eingangs im Abschnitt „Modellherstellung in Gips" beschriebenen Verfahren finden umfassend Anwendung zur Anfertigung der gesamten Formeinrichtung einschließlich Kern-

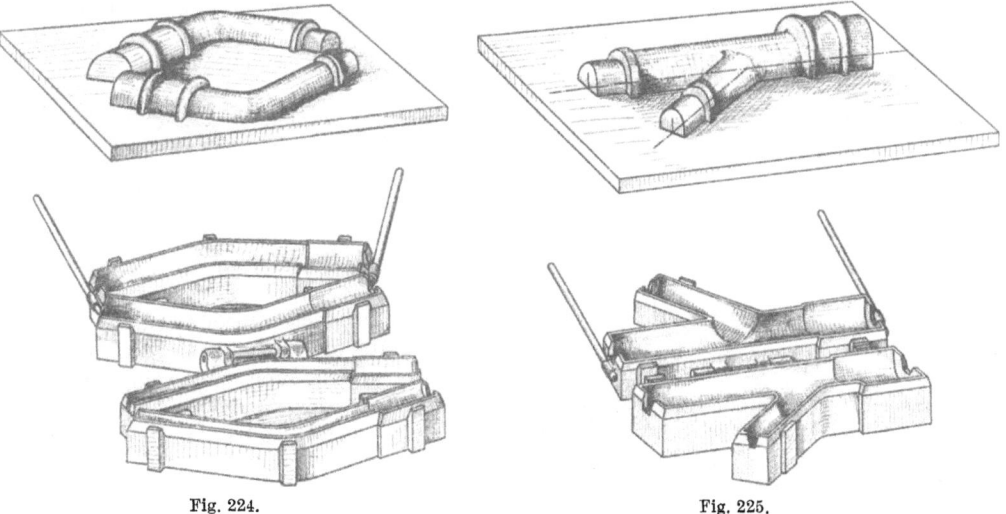

Fig. 224.   Fig. 225.

kasten und Kernschalen, bei der Fertigung von gußeisernen Abflußröhren, Krümmern und Abzweigen sowie bei der Erzeugung von Heizgliedern (Radiatoren).

Bei den Arbeiten zur Herstellung der Formeinrichtung für Abflußröhren beschränkt sich der Anteil der Modelltischlerei auf die Lieferung eines Satzes Muffen und Flanschen für die einzelnen Rohrdurchmesser. Die Fig. 224 und 225 zeigen je eine Modellplatte für einen Abzweig und zwei Krümmer mit den dazugehörigen Klappkernbüchsen zur Herstellung der Kerne nach dem Grünkernverfahren.

Die Arbeitsfolgen zur Anfertigung der Kernbüchse für die Krümmer und der Modellplatte seien in folgendem kurz beschrieben: Auf einer gehobelten Richtplatte werden vom Modellplattenmacher die Kernseelen und die Modelle nach dem Reversierverfahren aufgerissen. Die einzeln schablonierten und gezogenen Teile der beiden Gipskernseelen werden dann passend zersägt und mit den Holzmuffen auf dem Aufriß zusammengesetzt und verleimt. Über die so behandelte Kernseele ist die Kernbüchsenhälfte auszugießen. Mit Holz- und Gipsstücken wird die Kernseele so umbaut, daß man die rohe Kontur der gewünschten Kernbüchse erhält. Bei schwierigen Übergängen nimmt man Ton oder Lehm zu Hilfe. Nachdem die Arbeiten, die eine Trennung erleichtern sollen, erledigt sind, wird die Kernbüchsenhälfte in Gips ausgegossen. An die formgerecht nachgearbeitete Gipshälfte werden an den entsprechenden Stellen die Aufschlagnocken und die Lappen für die Scharniere angeleimt; dann wird die Hälfte zweimal in Eisen abgegossen. Vor dem zweiten Abgießen sind die Lappen für die Scharniere sinngemäß zu versetzen. Die eisernen Kernbüchsenhälften werden vom Modellschlosser nachgearbeitet und zur vollständigen Klappkernbüchse zusammengesetzt. Die Modellhälften für die Krümmer sind entsprechend den Arbeitsgängen für die Kernseelen herzustellen, in Eisen abzugießen, vom Modellschlosser nach dem Aufriß auf die Modellplatte zu montieren und vorerst einstweilig zu befestigen. Nach dem Probeabguß und der Vornahme der durch die Schwindung des Kernkastens etwa nötigen Korrekturen werden beide Modellhälften endgültig befestigt und der Einguß vorgesehen.

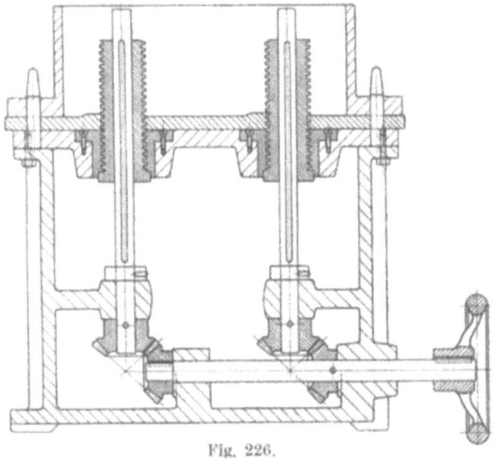
Fig. 226.

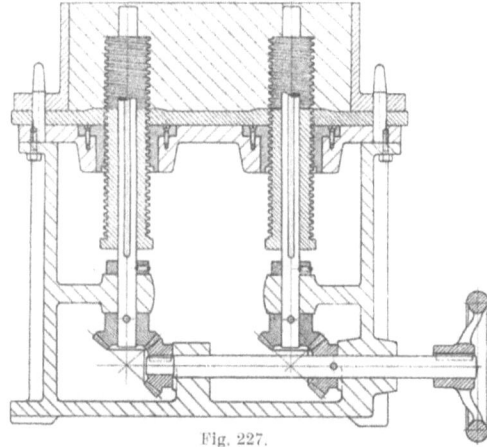
Fig. 227.

Beim zweiten Beispiel, dem Abzweig, wird die Formeinrichtung nach dem gleichen Grundsatz hergestellt; nur sind bei der Herstellung der zweiten Kernkastenhälfte und der zweiten Modellhälfte die Arbeitsgänge vom Aufriß bis zum Ausgießen zu wiederholen. Die Modellhälften werden auf den Modellplatten nach den im Abschnitt „Montierte Formplatten" gegebenen Richtlinien befestigt.

2. **Sonderformmaschine zum Formen von Schnecken** (Fig. 226 und 227). Die Einrichtung zum Durchziehen ist so ausgebildet, daß beim Drehen des Handrads

Beispiele aus der Praxis. 53

die mit Nute und Feder auf den Wellen befindlichen Schneckenmodelle zwangläufig durch die Durchziehplatte hindurchgedreht werden. Auf- und Abwärtsbewegung der Modelle ist durch Anschlag begrenzt.

3. **Vorrichtungen zum Trennen von Abstreifkamm und Form.** Bei Modellen mit unebener Teilungsfläche, die man mit Abstreifkamm formt, bleiben nach erfolgtem Trennungshub, je nach Gestalt des Modells, flachere oder tiefere Sandballen vom Abstreifkamm abzuheben. Hebt man mit der Hand den Formkasten vom Abstreifkamm ab, so liegt die Gefahr nahe, daß die tieferen Sandballen verreißen. In Fig. 228 bis 231 ist eine Anordnung dargestellt, die ermöglicht, den Abstreifkamm nach erfolgtem Hub von der Form abzusenken.

Die Vorrichtung ist dadurch

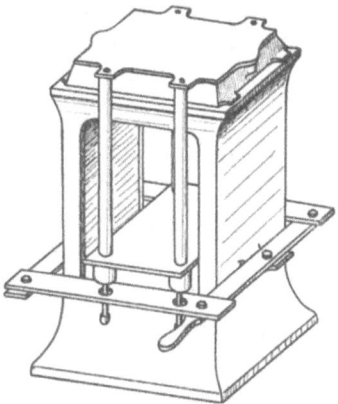

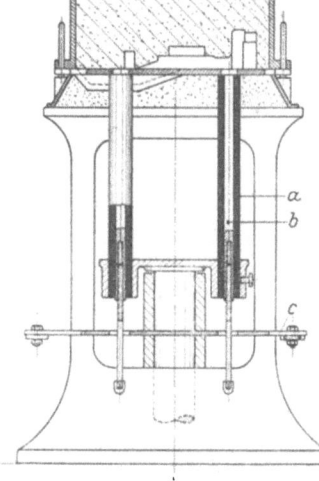

Fig. 228. Fig. 229.

gekennzeichnet, daß vor dem Absenken der bewegliche Arretierrahmen c (Fig. 229) verrückt wird und dadurch beim Rücklauf die den Kasten tragenden vier Säulen b stehenbleiben, während die vier Rohrsäulen a mit Abstreifkamm zurückgehen. Der Arretierrahmen ist an den Verbindungsstellen beweglich verschraubt und nach Fig. 228 mit der Maschine verbunden. Indem man den seitlichen Griff des Rahmens vor oder rückwärts bewegt, verschiebt man die vier im Rahmen befindlichen Löcher.

Bei der Anfangsstellung (Fig. 229) hängen die Säulen b am oberen Bund lose in den Rohrsäulen a. Der Abstreifkamm und der Arretierrahmen sind für den Durchgang von b an den vier Stellen durchbohrt. Am unteren Ende trägt jede Säule b in einem Lochgewinde eine Stellschraube. Die Rohrsäulen a sind fest mit dem Abhebetisch verbunden und halten den Abstreifkamm.

Nach dem Hub (Fig. 230) wird der Arretierrahmen c in der Pfeilrichtung (s. Fig. 231) bewegt, sodaß die rückläufige Bewegung der Säulen b beim Absenken versperrt ist (Fig. 231). Der Abhebetisch, die Rohrsäulen mit Abstreifkamm gehen zurück, während das Formkastenteil auf den Säulen b, die vom Arretierrahmen c aufgehalten werden, stehenbleibt. Hierbei wird durch die genau eingestellten Stellschrauben eine einwandfreie Trennung der Form vom Abstreifkamm erzielt.

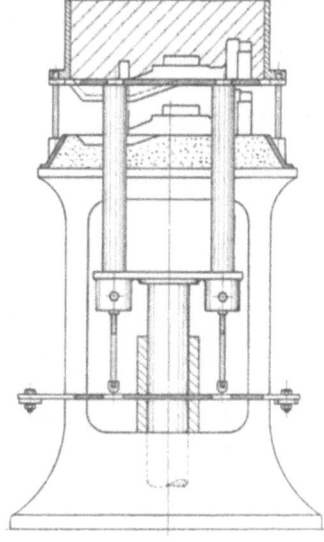

Fig. 230.

4. **Modellaushebevorrichtung.** Bei einfachen Bodenrüttlern ohne Wende- und Abhebevorrichtung benötigt man, um Modell und Sand rationell und sicher

trennen zu können, eine besondere Modellaushebevorrichtung. In Fig. 232 und 233 ist eine zweckmäßige Ausführung gezeigt. Die Modellplatte besitzt hierbei außer den zwei Zentrierstiften für den Formkasten auf der Rückseite zwei weitere Stifte zur Aufnahme der Aushebevorrichtung. Die vier Stifte sind als Keilbolzen ausgeführt.

Die Aushebevorrichtung besteht aus dem u-förmigen Hauptteil a (Fig. 232) mit eingelassener Gleitbahn b und den beiden Führungsstiften c.

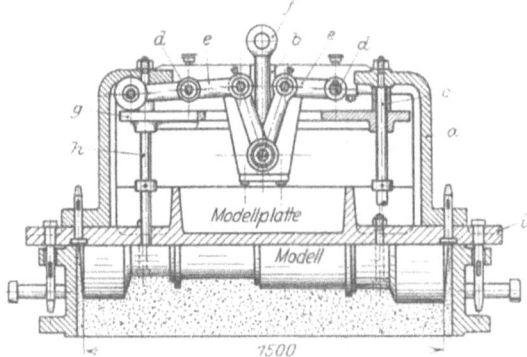

Fig. 231. Fig. 232.

In der Gleitbahn und den vier Lagern d sind die vier Gelenke e mit der Zugstange f eingebaut. An den beiden Führungsstiften gleitet der Tisch g mit den vier Druckstiften h. Die Modellplatte ist mit i bezeichnet.

Die Aushebevorrichtung arbeitet wie folgt: Die Form wird gerüttelt, die Modellplatte mit dem Formkasten verkeilt und dann gewendet. Alsdann wird die Aushebevorrichtung auf die Modellplatte gesetzt. Hierbei setzen sich die vier Druckstifte durch vier Löcher in der Modellplatte auf den Kastenrand auf. Nachdem man die Verkeilung zwischen Modellplatte und Formkasten gelöst, keilt man die Aushebevorrichtung mit der Modellplatte zusammen. Das Modell wird nun durch Bewegung der Zugstange f ausgehoben. Die Gelenkarme e wirken auf den Tisch g, bis er an den Stellringen der Führungsstifte c angehalten wird, wobei die vier Druckstifte h ein einseitiges Heben verhindern und so

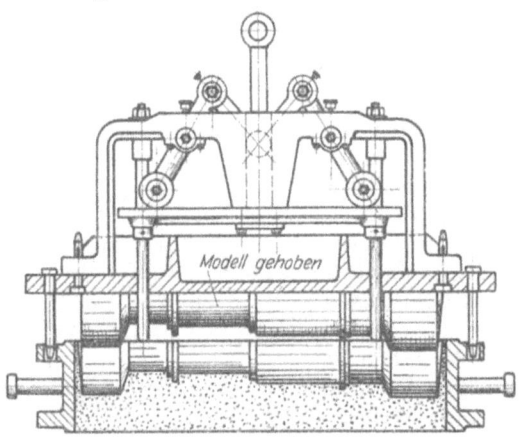

Fig. 233.

Modell und Sand einwandfrei trennen. Die Modellplatte wird mit der Aushebevorrichtung gleich wieder auf ein leeres Kastenteil gesetzt. Die Verkeilung mit der Modellplatte wird gelöst, die Kastenverkeilung angezogen, die Aushebevorrichtung abgehoben, und nachdem die Modellplatte mit dem Formkasten gewendet ist, werden beide wieder auf den Rüttler gebracht.

B. Überblick.

Im vorliegenden ist das Gebiet der Modellplattenherstellung so vollständig wie möglich beschrieben. Bei der richtigen Wahl einer Modellplatte sind neben der Form des Modells und der Zahl der herzustellenden Abgüsse in erster Linie die in Aussicht genommene Formmaschine und auch die besonderen Eigenarten und Umstände einer Gießerei mitbestimmend. Es ist in der Praxis sehr gut denkbar, daß beispielsweise zwei verschiedene Gießereien für ein bestimmtes Modell zwei verschiedene Modellplatteneinrichtungen und Formverfahren haben, ohne daß ein Fachmann behaupten könnte, dieses oder jenes sei besser oder schlechter. Bei ausgesprochenen Massenartikeln, wie Radiatoren, Kesselgliedern, Spülbecken, Badewannen, Autozylindern und dergleichen, hat sich für jeden dieser Sonderartikel im Laufe der Jahre durch die Praxis eine Modellplatteneinrichtung und Formmethode als die wirtschaftlich beste entwickelt. Auf diese besonderen Gebiete ist deswegen auch nicht näher eingegangen, sondern es sind lediglich die verschiedenen Modellplattenarten und ihre Herstellung beschrieben. Je höhere Stückzahlen anzufertigen sind, desto weniger spielt der Kostenpunkt bei der Modellplatteneinrichtung eine Rolle, und man hat es in der Hand, bei der Plattenherstellung alle Möglichkeiten, die der schnellen und wirtschaftlichen Formerei dienen, zu erschöpfen. Dabei ist oft die Verbindung von mehreren Modellplattenarten wie auch die Verbindung von verschiedenen Formverfahren nötig. Bei der Anfertigung einer Modellplatte kann beispielsweise die Platte für die Oberform als montierte, die Platte für die Unterform als gegossene Formplatte oder umgekehrt hergestellt sein. Hohe, sperrige Modelle formt man oft vorteilhaft maschinell, indem man eine Verbindung von Wendeplatte mit Durchzieheinrichtung schafft. Die hohen Modellteile sind in diesem Falle durchziehbar auf der Modellplatte angeordnet und auf der Wendeplatte festgelegt. Vor dem Aufheben der Wendeplatte werden die hohen Teile durch die Führungen in der Wendeplatte durchgezogen, wobei die losen Teile durchaus nicht geradwinklig zum Wendetisch zu stehen brauchen. Allerdings erfordert die Schaffung solcher Einrichtungen große Sachkenntnis.

Das Gesagte mag genügen, um zu zeigen, daß bei Anfertigung von Formeinrichtungen der Auswertung von Fachkenntnissen weitester Spielraum gelassen ist und daß man jedesmal von Fall zu Fall die zweckmäßigste Formeinrichtung wählen muß.

Auch soll man bei der Anfertigung von Modellplatten auf kleine Vorteile bei der späteren Formerei bedacht sein. So ist beispielsweise in Fig. 234 eine zweckmäßige Anordnung des Gießtrichters gezeigt. Hierdurch fällt das jedesmalige Aufsetzen des Trichters auf die Modellplatte und das Herausnehmen aus dem Formsand fort. Der kegelige Gießtrichter d sitzt auswechselbar in dem Rohrstutzen a, der im Gips c festgegossen ist. Das Unterlegeblech e hält den Trichter zwischen Platte und Stutzen fest; b ist die angehobene Form. Ebenso ist das Eintragen der Längenmaße von runden Kernen auf der Rückseite der Formplatte praktisch. Man braucht bei Neubestellung die Kerne nicht jedesmal zu messen, sondern liest die Maße von der Formplatte ab.

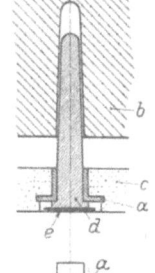

Fig. 234.

In Gips eingebettete Eisen- oder Metallmodelle sind zweckmäßiger mit Schrauben und Unterlegescheibe befestigt als mit Häkchen. Bei etwaiger Änderung der Modelle ist man so in der Lage, die Modelle vom Gips wieder abzuheben, nachdem man die Schraube gelöst hat. In diesem Fall sind die Modelle auf der Rückseite vor dem Festgießen in Gips dünn mit Öl zu bestreichen.

MIX
Papier aus verantwortungsvollen Quellen
Paper from responsible sources
FSC® C105338

If you have any concerns about our products,
you can contact us on
ProductSafety@springernature.com

In case Publisher is established outside the EU,
the EU authorized representative is:
**Springer Nature Customer Service Center GmbH
Europaplatz 3, 69115 Heidelberg, Germany**

Printed by Libri Plureos GmbH
in Hamburg, Germany